写给儿童的极简进化史

王章俊 著

童趣出版有限公司编　　人民邮电出版社出版

北　京

图书在版编目（ＣＩＰ）数据

　　写给儿童的极简进化史 / 王章俊著 ; 童趣出版有限
公司编. -- 北京 : 人民邮电出版社, 2024.6
　　ISBN 978-7-115-61750-7

　　Ⅰ . ①写… Ⅱ . ①王… ②童… Ⅲ. ①进化－少儿读
物 Ⅳ . ①Q11-49

　　中国国家版本馆CIP数据核字(2023)第086403号

著　　　　：王章俊
责任编辑：王宇絜
责任印制：李晓敏
封面设计：王东晶
排版制作：罗筱筱

编　　　　：童趣出版有限公司
出　　版：人民邮电出版社
地　　址：北京市丰台区成寿寺路11号邮电出版大厦 （100164）
网　　址：www.childrenfun.com.cn

读者热线：010-81054177　　　经销电话：010-81054120

印　　刷：雅迪云印（天津）科技有限公司
开　　本：787×1092 1/12
印　　张：15
字　　数：300千字
版　　次：2024年6月第1版　2024年6月第1次印刷
书　　号：ISBN 978-7-115-61750-7
定　　价：128.00元

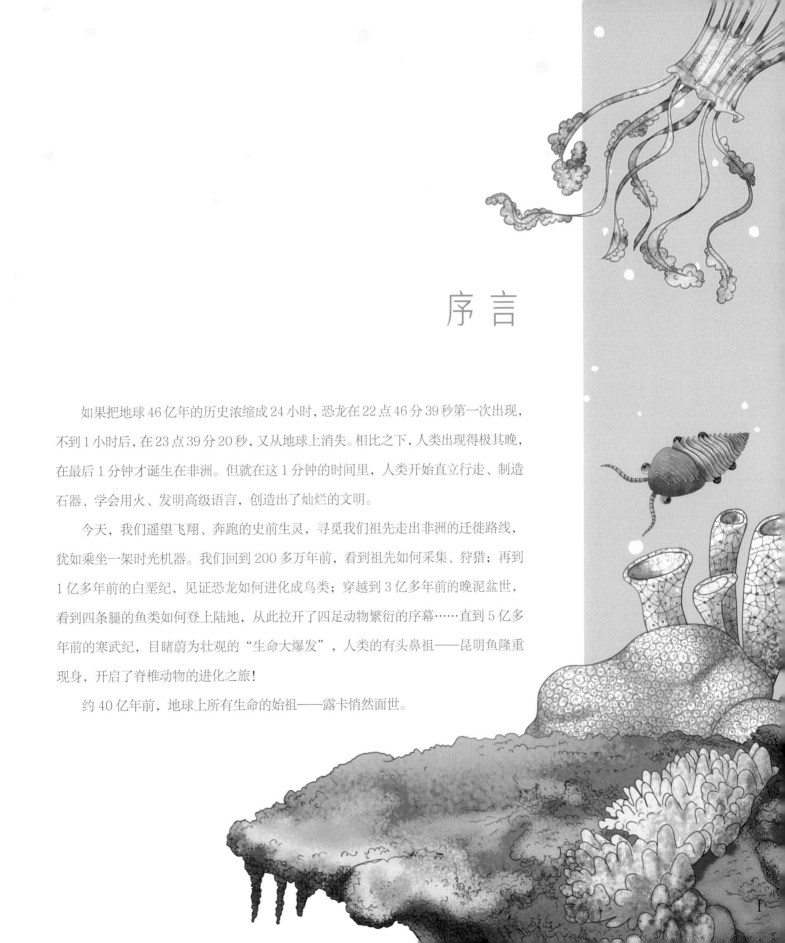

序 言

　　如果把地球46亿年的历史浓缩成24小时，恐龙在22点46分39秒第一次出现，不到1小时后，在23点39分20秒，又从地球上消失。相比之下，人类出现得极其晚，在最后1分钟才诞生在非洲。但就在这1分钟的时间里，人类开始直立行走、制造石器、学会用火、发明高级语言，创造出了灿烂的文明。

　　今天，我们遥望飞翔、奔跑的史前生灵，寻觅我们祖先走出非洲的迁徙路线，犹如乘坐一架时光机器。我们回到200多万年前，看到祖先如何采集、狩猎；再到1亿多年前的白垩纪，见证恐龙如何进化成鸟类；穿越到3亿多年前的晚泥盆世，看到四条腿的鱼类如何登上陆地，从此拉开了四足动物繁衍的序幕……直到5亿多年前的寒武纪，目睹蔚为壮观的"生命大爆发"，人类的有头鼻祖——昆明鱼隆重现身，开启了脊椎动物的进化之旅！

　　约40亿年前，地球上所有生命的始祖——露卡悄然面世。

继续回溯到约 138 亿年前，我们会看到"宇宙大爆炸"的壮美画面，见证氢原子的形成、第一束光的出现，以及约 46 亿年前太阳的诞生。

孩子对生命进化的兴趣，源于人类独有的本能。从呱呱落地、翻身爬行、站立行走，到跳跃奔跑；从牙牙学语、初识文字、学会书画、掌握技能，再到设计飞船、进入太空……犹如人类的祖先从四足爬行，到直立行走、制作石器、走出非洲，最终遍布全球。

这本书既可以激发孩子对科学的热爱，也可在孩子的思想深处播撒对自然知识渴望的种子。书中生动而充满创意的插图和通俗有趣的文字，一定会令他们手不释卷。同时，生动直观的生命进化树，可以让孩子了解脊椎动物的前世今生，赋予孩子丰富的联想，提升孩子的逻辑思维和创新潜力。

我希望越来越多的孩子，我们的子孙后代，都能把"我想当一名科学家"作为儿时的梦想。只有这样，方能极大地提升人生价值；也只有这样，民族复兴、国家强盛，方能指日可待！祝小朋友们阅读愉快，开心成长！

舒德干

中国科学院院士，进化古生物学家

前　言

　　孩子对宇宙中运行的天体、千奇百怪的动物，以及神秘莫测的自然现象天生充满好奇心，尤其是对史前动物——恐龙，更是表现出极大的兴趣，经久不衰。

　　每个生命都是一个不朽的传奇，每个传奇的背后都有一个精彩的故事。

　　学习自然科学知识，既要知道是什么，更要知道为什么，正所谓"知其然，知其所以然"。学习自然科学，就要抱着"打破砂锅问到底"的科学态度，了解表象，探索本质，循序渐进，必有所得。

　　这是一本为孩子量身定做的自然科学绘本，从"大历史"的视角，按时间顺序与进化脉络，将天文学、地质学、生物学的知识融会贯通，不仅让孩子知道宇宙天体的现在与过去，更让孩子了解鲜活生命的今生与前世。

　　发生于约 138 亿年前的"宇宙大爆炸"，创造了世间万物，甚至创造了时间和空间。诞生于约 40 亿年前的露卡，是一次次"自我复制"形成的最原始生命。一切生命，都由 4 个字母 A、T、G、C 与 20 个单词

代码（氨基酸）书写而成。无论是肉眼看不见的领鞭毛虫或身体多孔的海绵，还是形态怪异的叶足虫或体长2米的奇虾，都是露卡的"子子孙孙"，也就是说，"所有的生命都来自一个共同的祖先"。

所有的脊椎动物，无论是海洋杀手巨齿鲨、爬行登陆的鱼石螈、飞向蓝天的热河鸟、统治世界的人类，还是侏罗纪—白垩纪时期霸占天空的翼龙、称霸水中的鱼龙、主宰陆地的恐龙，都有一个共同的始祖——5.3亿年前的昆明鱼。

人类的诞生只有400多万年的时间，从树栖、半直立爬行到两足直立行走，从一身浓毛到皮肤裸露，从采集果实到奔跑狩猎，从茹毛饮血到学会烧烤，直到数万年前，我们最直接的祖先——智人，第三次走出非洲，完成了人类历史上最伟大、最壮观的迁徙，跨越海峡，进入欧亚大陆；乘筏漂流，抵达大洋洲；穿过森林，踏进美洲，最终统治世界五大洲。新石器时代，开启了人类文明之旅，从农耕文明到三次工业革命，直至今天，进入了人工智能时代。

我们希望这本书能带给孩子最原始的认知欲一些小小的满足，能带领孩子进入生命的世界，能让孩子在阅读中发现科学的美妙与趣味，那便是我们出版这本书最大的价值。

王章俊

全国生物进化学学科首席科学传播专家

目录

1

生命诞生

砰!

宇宙是什么?

一开始，宇宙只是一个看不见的"奇点"，但它有着无限的能量。约 138 亿年前，奇点发生了"大爆炸"，向四周极速膨胀，于是产生了时间、空间和物质，以及暗能量与暗物质，形成了宇宙。

现在的宇宙可观测直径约 930 亿光年，相当于 63 亿亿个太阳的直径。

宇宙仍在膨胀，而且膨胀的速度越来越快。

宇宙大爆炸的瞬间像是一锅又烫又稠的"小疙瘩汤"，小疙瘩就是夸克粒子。在极度高温下，汤里的夸克很快结合，形成质子和中子，就像变成了大疙瘩一样。随着温度的降低，质子又吸引了电子，形成了最早的物质——氢原子和氦原子，也有了第一束光。

原子核

中子

质子

夸克

上夸克

下夸克

质子

原子核

中子

夸克是构成物质的基本单元。夸克结合，组成质子和中子。质子和中子构成原子核，再与电子结合组成原子。

原子核由带正电的质子和不带电的中子组成。

氦原子

氢原子

随着大爆炸后的极速膨胀，宇宙温度逐渐降低。在大爆炸之后，引力作用让尘埃和气体发生聚集、相互挤压，产生了热量，温度升高，内部的氢原子在高温下发生核聚变反应，形成了恒星。

旋涡状星云

盘状星云

恒星诞生

气体柱从
盘状星云中心喷出

双极喷流

太阳系诞生了

我们已经知道了，恒星是物质团发生氢核聚变形成的，而这些物质团不可能一模一样，所以恒星的大小也各不相同。大约在大爆炸之后92亿年，也就是约46亿年前，我们最熟悉的恒星太阳的胚胎——原始太阳星云，就这样形成了。

在新形成的太阳周围，仍然有残留的气体和尘埃聚集在一起，它们围绕着"行星胚胎"，像滚雪球一样，逐渐堆积变大，形成了一颗颗行星，太阳系便诞生了。

恒星能够发出光和热是因为它的核心发生着核聚变。

海王星

行星和恒星不一样，不能发光发热。

地壳(qiào) 地幔(màn) 外核 内核

太阳的内部结构

对流层 辐射层 核心

小行星带

水星

金星

地球

火星

木星

土星

天王星

由于太阳风的作用，距离太阳近的4颗行星由岩石构成，像地球一样，叫类地行星；而距离太阳远的4颗行星由氢、氦、甲烷、水和氨等构成，像木星一样，叫类木行星。另外，太阳系中还有无数颗小行星及彗星、卫星等小型天体。

从"火球"到地球

最初的地球被熔岩海和分散的熔岩湖覆盖着，犹如一个炙热的大火球。随着时间的推移，这些岩浆渐渐冷却、凝固，就像熬好的热糖稀变成了硬糖。

随着岩浆的凝结，岩浆
释放的气体被地心引力拉住，
笼罩在地球外，形成了
最初的大气层。

最初的地球被岩浆包裹着

最初的大气层十分稀薄，
没有氧气，主要由水、二氧化碳、
甲烷、硫化氢、氮氧化合物、氨气、磷酸、
氢气等组成。后来地球上出现了最早的、形
成化石的生物——蓝藻（也被称为蓝细菌），
它们就是地球早期最重要的氧气生产者。

原始汤

　　随着温度的不断降低，大气层中的水蒸气变成雨水落到地球表面，聚集在低洼处，形成了原始的海洋。这个原始海洋中富含碳、氢、氧、氮、磷、硫等生命最基本的元素，被科学家们称为"原始汤"。

水蒸气就是气态的水，温度降低时会凝结成液态的水。

在宇宙射线、太阳紫外线、闪电、高温等因素的影响下，"原始汤"中的无机物转化成了有机化合物，如氨基酸、核苷（gān）、核苷酸等。

露卡与蓝藻

在约 40 亿年前，在原始海洋中形成的核苷酸等有机大分子，由于没有被其他生命体"吃掉"的危险，再加上海水的保护，所以逐渐聚集起来。经过长期积累和相互作用，这些有机大分子在"原始汤"里形成了核酸多分子体系，最终演变为原始细胞团块。

最初的生命形式叫作露卡，它是最古老的原始细胞团块，它的英文 LUCA 就是"最后的共同祖先"英文的首字母的缩写。露卡含有所有生物共有的 355 个基因，能够进行 DNA（脱氧核糖核酸）自我复制。露卡的出现拉开了生命进化的序幕。

露卡

DNA链

原始海洋中的核苷酸大分子长期聚集，相互作用，形成核酸，最终演变出原始生命，其中就有露卡。

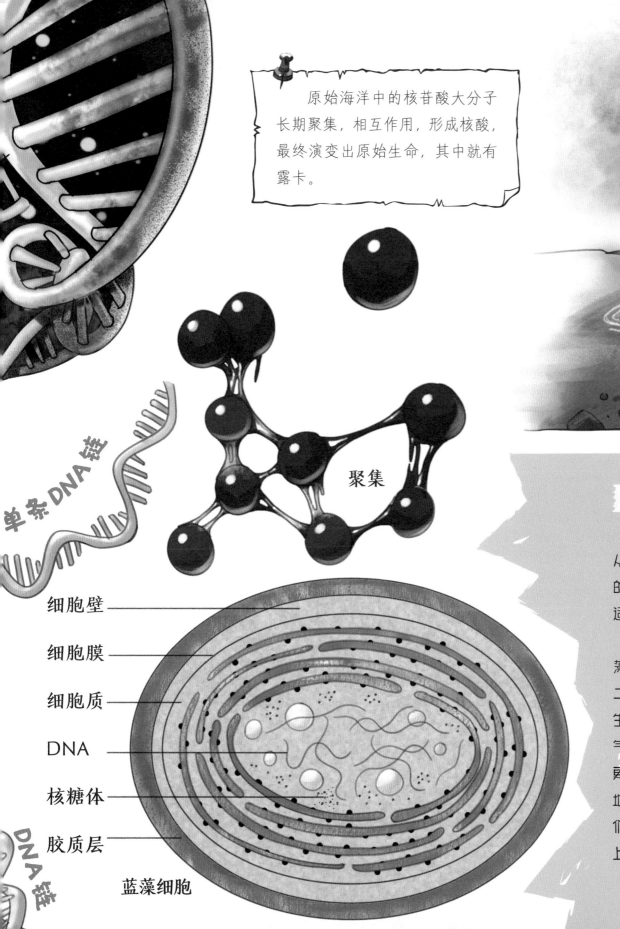

单条DNA链

聚集

细胞壁

细胞膜

细胞质

DNA

核糖体

胶质层

蓝藻细胞

DNA链

蓝藻统治海洋

生命的进化并不一定总是从低级到高级，从简单到复杂的，而是"基因突变、自然选择、适者生存"。

诞生于约35亿年前的蓝藻，通过光合作用，将吸收的二氧化碳转化成葡萄糖，为其生长提供能量；同时释放出氧气，为地球后来的生命创造了更适宜的生存环境。蓝藻统治地球近30亿年，直到现在它们仍然广泛生存在这个星球上，形成了一个庞大的家族。

小小的细胞

20多亿年前，海洋中的古细菌为了适应有氧气的环境，先吞噬了好氧细菌，利用它们吸收氧气，提供能量，形成了原始真核细胞。后来，好氧细菌进化成线粒体，线粒体犹如真核细胞内的"发电厂"，为细胞提供动力。

约16亿年前，含线粒体的真核细胞又吞噬了蓝细菌，后来，蓝细菌进化成叶绿体。叶绿体能够利用阳光，为植物提供能量。

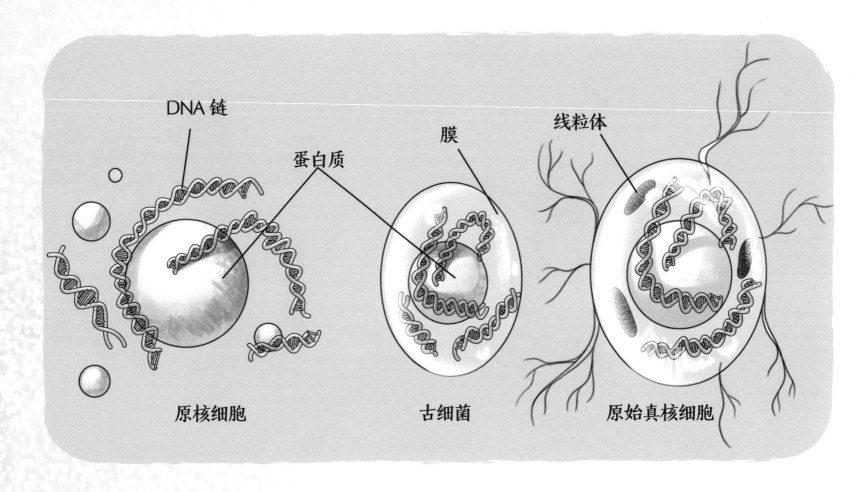

原核细胞　　　　　古细菌　　　　　原始真核细胞

原核细胞没有核膜包被的细胞核，而真核细胞有核膜包被的细胞核。

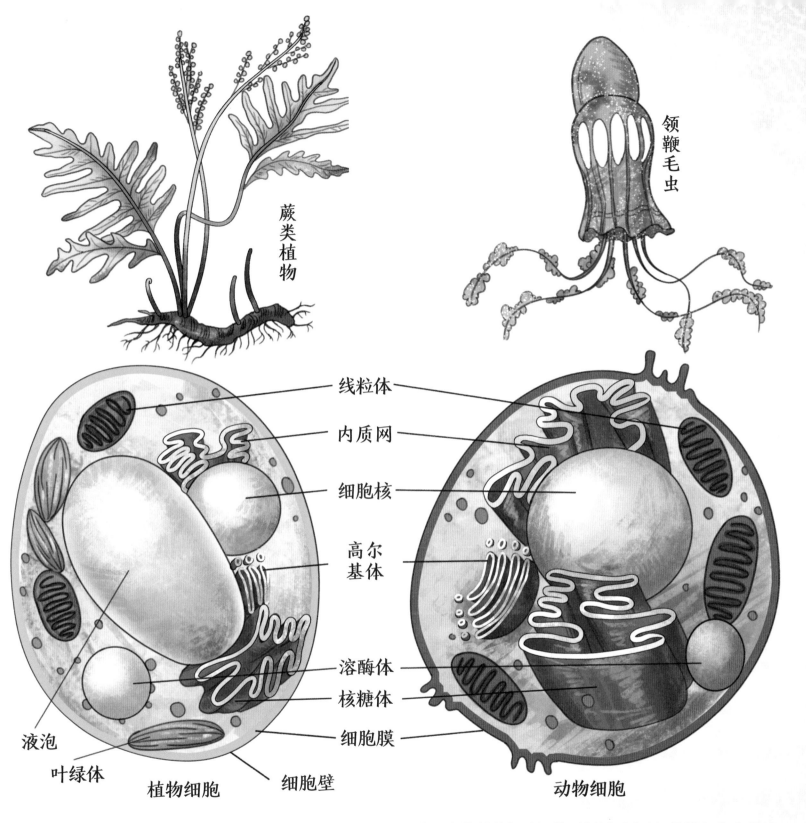

蕨类植物

领鞭毛虫

线粒体

内质网

细胞核

高尔基体

溶酶体

核糖体

细胞膜

液泡

叶绿体

植物细胞

细胞壁

动物细胞

地球上的植物、动物及真菌类都是真核生物。植物的细胞里有线粒体与叶绿体，植物通过叶绿体进行光合作用，为自身提供能量、生存繁衍，被叫作"自养生物"，所以植物没有进化出手、脚、嘴巴等器官。而动物的细胞里只有线粒体，动物必须通过捕食或进食才能生存繁衍，被叫作"异养生物"，动物因此进化出了各种各样的器官。

多细胞时代

在 10 亿多年前，由于地球上氧含量的增多，原始的单细胞真核生物进化出领鞭毛虫。在十几亿年漫长的生命进化过程中，真核细胞逐渐进化出丰富多彩的生命，生物从单细胞时代跃升到了多细胞时代。

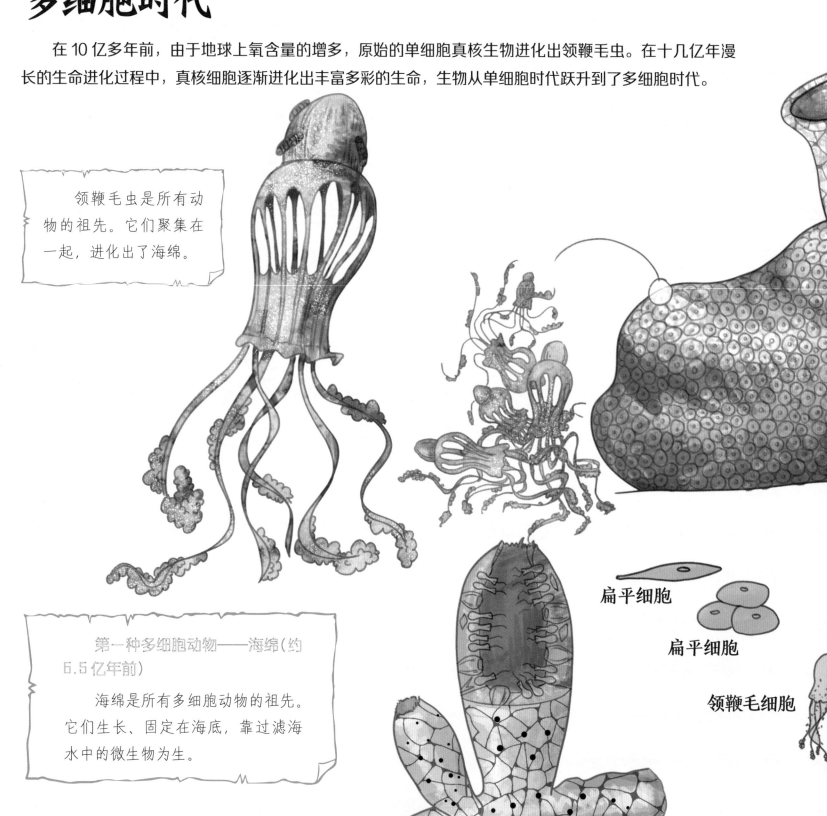

领鞭毛虫是所有动物的祖先。它们聚集在一起，进化出了海绵。

第一种多细胞动物——海绵（约6.5亿年前）

海绵是所有多细胞动物的祖先。它们生长、固定在海底，靠过滤海水中的微生物为生。

扁平细胞

扁平细胞

领鞭毛细胞

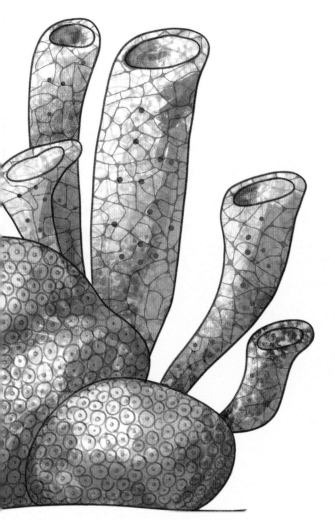

说到海绵，可能你首先想到的是用来洗碗的人造"海绵"。其实，它是模仿海绵这种动物做成的。

海绵是构造最简单的多细胞动物，它们无头无口，没有肌肉与骨骼，也没有神经，就是一个细胞集合体，只有内外层细胞。外层细胞有许许多多的进水孔；内层细胞不停地挥动鞭毛，将氧气和微生物带入。海绵多数雌雄同体，通过无性或有性生殖，异体受精，体内发育。

海绵是自然界中的"重生之王"，即使被撕成极小的碎块，仍能聚合在一起。这是由于海绵的内层细胞是"全能细胞"，可以自如地转换为体内需要的其他细胞，而且还可以再变回来。

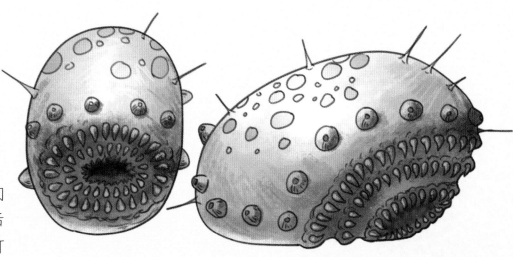

第一种有嘴的动物——冠状皱囊（náng）虫（约 5.35 亿年前）

冠状皱囊虫是已知最早的后口动物，它们可以用嘴巴去吃东西，而不是靠细胞吸收。后口动物的后代进化出了脊椎、四肢、头部，可以说是显生宙最早期的"人类远祖"。

寒武纪生命大爆发

　　5.8亿～5.2亿年前，海洋中的氧含量小幅升高，细胞开始出现分工，生物的适应能力更强了，于是物种数量激增，还进化出了复杂动物。在5.3亿～5.1亿年前，突然出现了许多种新的无脊椎动物，如奇虾、欧巴宾海蝎、三叶虫等，科学家们称之为"寒武纪生命大爆发"。中国入选世界自然遗产的"澄江化石遗址"就保存了极其完整的寒武纪早期古生物化石群。

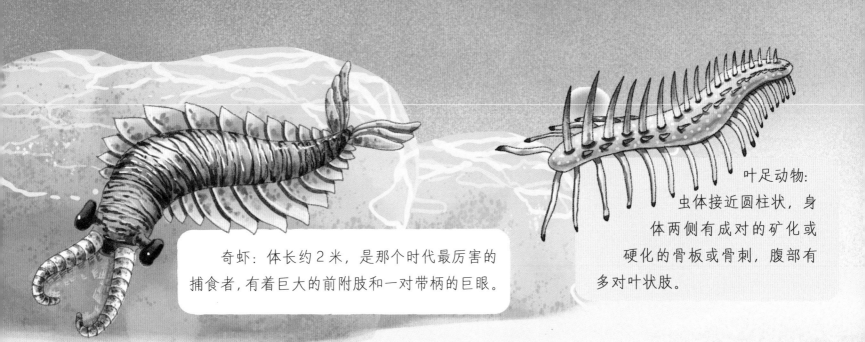

叶足动物：虫体接近圆柱状，身体两侧有成对的矿化或硬化的骨板或骨刺，腹部有多对叶状肢。

奇虾：体长约2米，是那个时代最厉害的捕食者，有着巨大的前附肢和一对带柄的巨眼。

华夏鳗：第一种有人字形肌节和脊索的无头脊索动物，看起来像现在的文昌鱼。

抚仙湖虫：外骨骼分为头、胸、腹三部分，是现代昆虫的远祖。

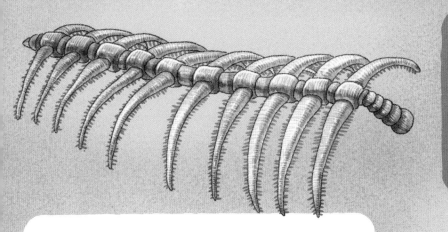

1946 年，在澳大利亚的埃迪卡拉地区，人们发现了许多像树叶、圆盘一样的生物的化石，它们都没有骨骼、器官，大多呈扁平状。不过它们早已灭绝了，不是现在动物的祖先。

仙掌滇虫：身体分为 10 节，每一节上都有一对长满尖刺的足。它们很可能是蜘蛛、螃蟹等节肢动物的祖先。

灰姑娘虫：出现在约 5.2 亿年前，它们的两只大眼睛是由 2000 多只小眼组成的复眼。

欧巴宾海蝎：头顶长着 5 个带柄的眼睛，眼睛前端向外伸出一个柔软的长管，长管顶端有一个像钳子一样的嘴巴，用来捕食猎物。

三叶虫：在地球上生存了近 3 亿年，是个有上万种类的庞大家族！

支撑身体的脊椎

在寒武纪生命大爆发中，生物进化史上最早的有鳃裂、肛门的古虫动物类诞生了，但这时的动物还没有进化出头。

就是这种没有头脑的古虫动物类，后来进化成了有脊椎、头脑、眼睛和肛后尾的动物，如昆明鱼、海口鱼等。

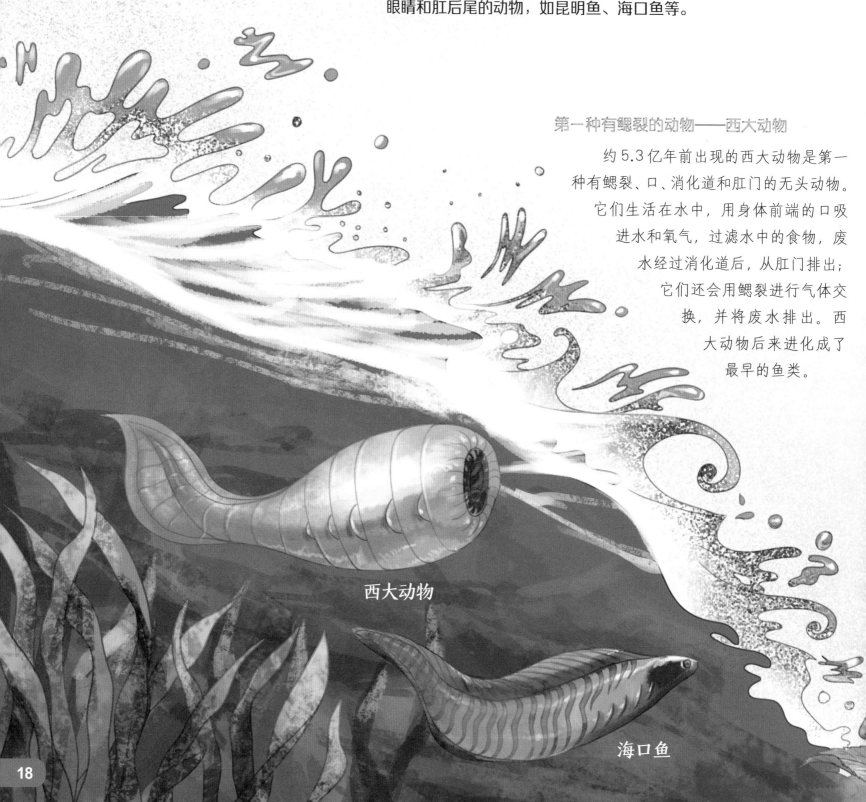

第一种有鳃裂的动物——西大动物

约5.3亿年前出现的西大动物是第一种有鳃裂、口、消化道和肛门的无头动物。它们生活在水中，用身体前端的口吸进水和氧气，过滤水中的食物，废水经过消化道后，从肛门排出；它们还会用鳃裂进行气体交换，并将废水排出。西大动物后来进化成了最早的鱼类。

西大动物

海口鱼

眼睛是大脑的外延，可以帮助动物探知外面的世界，比如捕食猎物或是逃避捕食者的追杀。

进化出脊椎标志着动物进入了新的发展阶段。

脊椎不仅可以支撑身体，还可以增加运动的多样性，并促进头脑、四肢等的分化。如果没有脊椎连接身体的肌肉、骨骼，人类就不能走路、奔跑，只能像虫子一样爬行或蠕动前行。

有"头盔"的鱼

昆明鱼是最早、最原始的无颌（hé）鱼类。长出脊椎、头脑和眼睛是脊椎动物进化史上的第一次巨大飞跃。

最原始的无颌鱼类为了生存繁衍，进化出了"头盔"。它们头部坚硬的骨片犹如"甲胄"，故名甲胄鱼。这个头颅骨片，可能就是后来脊椎动物头颅或人类脑壳的雏形。

翼鳍鱼：生活在约 4.05 亿年前。背部有一行显眼的刺，尾部呈倒 Y 形。

星甲鱼：生活在约 4.38 亿年前。头部被整块骨片覆盖。

头甲鱼：体长不超过 20 厘米，头和躯干的前部覆盖着坚厚的骨质甲片，甲片的重量导致它们的游泳能力不强。

半环鱼：生活在约 3.5 亿年前。体长一般不超过 30 厘米，躯体外有骨片保护，长有成对的胸甲。

昆明鱼：最早出现的原始鱼类，和今天的鱼非常不同。它们没有胸鳍，只能靠身体收缩或摆动在水里游；也没有颌骨，嘴巴像一根吸管，靠过滤海水中的微生物为生。

鳍甲鱼：
头部和身体前部覆盖着一层硬甲，头甲后缘正中有一根向上竖立的刺状长棘。

无颌鱼类的"活化石"——七鳃鳗：
它们是地球上仍然存活的一种无颌鱼类，保留着亿万年前祖先的样子，被称为"活化石"。它们的眼睛后面身体两侧各有7个鳃孔，所以被叫作"七鳃鳗"。

曙鱼：
生活在约4亿年前，化石最早发现于中国浙江。它们的头骨中已经有了颌骨的萌芽，为研究颌骨起源带来了曙光，所以叫"曙鱼"。

21

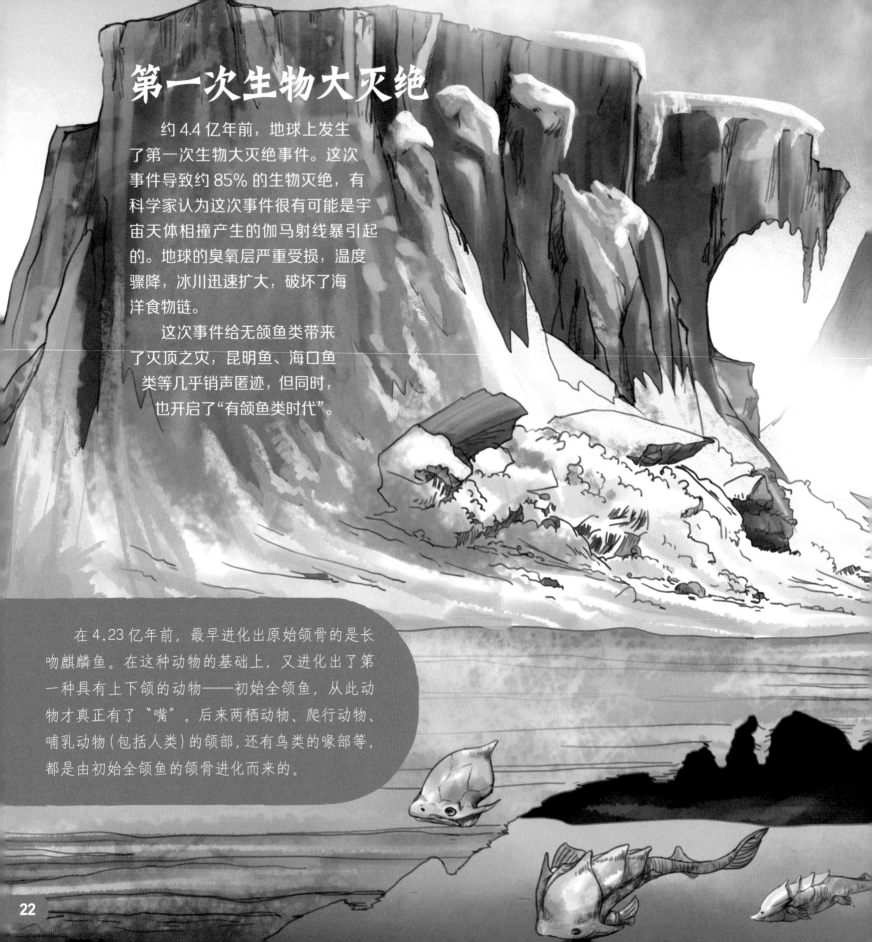

第一次生物大灭绝

约 4.4 亿年前，地球上发生了第一次生物大灭绝事件。这次事件导致约 85% 的生物灭绝，有科学家认为这次事件很有可能是宇宙天体相撞产生的伽马射线暴引起的。地球的臭氧层严重受损，温度骤降，冰川迅速扩大，破坏了海洋食物链。

这次事件给无颌鱼类带来了灭顶之灾，昆明鱼、海口鱼类等几乎销声匿迹，但同时，也开启了"有颌鱼类时代"。

在 4.23 亿年前，最早进化出原始颌骨的是长吻麒麟鱼。在这种动物的基础上，又进化出了第一种具有上下颌的动物——初始全颌鱼，从此动物才真正有了"嘴"。后来两栖动物、爬行动物、哺乳动物（包括人类）的颌部，还有鸟类的喙部等，都是由初始全颌鱼的颌骨进化而来的。

由于早期脊椎动物——原始鱼类进化出了颌骨，大大增强了捕食的能力，可以更好地适应环境，所以它们在这次大灭绝后，逐渐繁盛，成为海洋的主宰。

硬骨鱼类

四足动物

盾皮鱼类

动物嘴部结构的进化

我们每天吃饭、喝水、说话，都要活动上下颌骨。大家已经习惯了使用它们，并没有觉得颌骨有什么特别。其实，它们是经过了漫长的进化历程，才最终变成今天的样子。

海洋统治者

志留纪至泥盆纪（4.44 亿～ 3.59 亿年前）被称为"鱼类时代"，形形色色的鱼类随处可见，特别是已经有了上下颌的盾皮鱼类，它们数量众多，形态多样，一度雄霸天下。从此，脊椎动物登上了统治地球的舞台。

进化出原始颌骨的长吻麒麟鱼

鱼的鳃弓进化成最初盾皮鱼的原始颌骨，不过原始颌骨还只是软骨。

具有真正颌骨的初始全颌鱼

它们的头部和前半身被骨板包裹，身体扁平笨重，生活在水底，是肉食鱼类。初始全颌鱼的出现是脊椎动物进化史上的第二次巨大飞跃，它们长出颌骨，可以主动捕食。

随着原始颌骨的缩小，来自体表的骨片加固并取代了原始颌骨，形成了鱼类坚固的上下颌骨，硬骨鱼的嘴巴也由此进化而来。

恐鱼：长 8 ～ 11 米，嘴张开时有 1 米多宽，牙齿非常锋利。

邓氏鱼：属恐鱼科，是已知盾皮鱼家族中体形最大的，比现在的鲨鱼还要大，还要凶狠。

沟鳞鱼：体长只有十几厘米，头、胸部外套着一个壳，有点儿像穿着一层"盔甲"。它们的胸部还长有一对"翅膀"，也套着硬壳。

缩小的原始颌骨与体表骨片形成齿骨，构成了爬行动物的下颌骨，爬行动物没有咀嚼能力。爬行动物的关节骨、方骨和耳柱骨进一步缩小，进化成了哺乳动物的听小骨，而哺乳动物的下颌骨只是一块齿骨。哺乳动物不仅有了强大的咀嚼能力，而且听觉更加灵敏。

鳃弓

颌骨

"活化石" 鲨鱼

有颌脊椎动物的共同祖先盾皮鱼类向两个方向发展：一支是硬骨鱼类；另一支则是由棘鱼进化而来的软骨鱼类，如鲨鱼类。软骨鱼的骨架由软骨组成，脊椎虽部分骨化，却缺乏真正的骨骼。

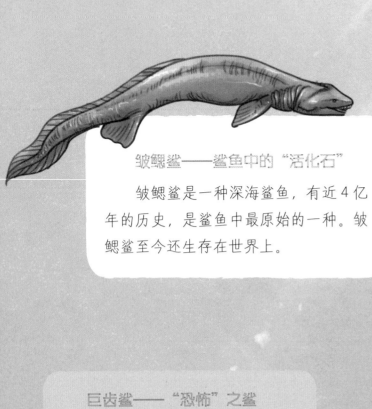

裂口鲨——鲨鱼的祖先

裂口鲨是最古老的原始型鲨鱼。它们的体形较小，有深叉形尾巴、较大的胸鳍、不明显的臀鳍，是游泳能手。头部后方的一块骨片，像另一个背鳍。裂口鲨咬合力较大，牙齿有许多尖峰，边缘光滑，适合咬住猎物，并整个吞食。尽管如此，它们还是邓氏鱼的"口下败将"。

皱鳃鲨——鲨鱼中的"活化石"

皱鳃鲨是一种深海鲨鱼，有近4亿年的历史，是鲨鱼中最原始的一种。皱鳃鲨至今还生存在世界上。

巨齿鲨——"恐怖"之鲨

巨齿鲨曾经因为同名电影而名噪一时。它们生活在2800万～360万年前，以凶猛和牙齿巨大而闻名，最长的牙齿有18厘米，主要捕食鲸类。

旋齿鲨——具有奇特牙齿的鲨鱼

旋齿鲨生活在2.99亿～2亿年前，体长7～15米，牙齿又长又尖，呈向内卷曲的螺旋状。和它们相比，现代鲨鱼的牙齿要宽得多。旋齿鲨顶部的牙齿磨损时，新牙会螺旋上升替换旧牙。

白垩刺甲鲨——牙齿像菜刀的鲨鱼

白垩刺甲鲨又叫"金厨鲨"，因为它们嘴里的500多颗牙齿非常锋利，像大厨的菜刀。它们生活在1亿～8000万年前，体长可达7米，体重约3.5吨。

向左走，向右走

水中进化最成功的一类生物就是硬骨鱼类，它们是有颌脊椎动物进化的主要类群，分为肉鳍鱼和辐鳍鱼两大类，遍布淡水及海水水域。其中，肉鳍鱼类中的一支成功登陆，进化出了后来的四足动物；留在水中的肉鳍鱼类如今只剩下少数的肺鱼和腔棘鱼。而辐鳍鱼类一直生活在水中，我们常见的鲤鱼、草鱼、观赏鱼等，都属于这一类，现有3万多种。

约4.2亿年前的一种身披奇特鳞片的古鱼——丁氏甲鳞鱼，表明了早在晚志留世，地球就已进入了"鱼类时代"。丁氏甲鳞鱼的身体覆盖着厚而紧密的鳞片，如同身穿盔甲的武士。

钝齿宏颌鱼生活在约4.23亿年前，体长可达1.2米，是志留纪最大的脊椎动物。它们以钝圆的牙齿和典型的硬骨鱼颌骨为特点。钝齿宏颌鱼是当时水中的顶级掠食者，常常猎食鱼虾类、软体类和有壳动物等。

丁氏甲鳞鱼和钝齿宏颌鱼是最早登上进化舞台的硬骨鱼类，它们的出现，标志着脊椎动物向人类的进化又前进了一步。

希氏根齿鱼生活在 3.3 亿～3 亿年前，最大个体的体长超过 7 米，体重超过 2 吨，流线型身体表面覆盖着坚硬的鳞片。它们的牙齿长达 22 厘米，是当时的顶级掠食者，有"苏格兰猎手"之称。

拉蒂迈鱼是一种腔棘鱼类，最早出现在约 3.59 亿年前。它们躲过了三次生物大灭绝事件，现在仍生活在深海里，被誉为"活化石"。

第二次生物大灭绝

在约 3.77 亿年前，大地剧烈晃动，大量的岩浆喷涌而出，海水沸腾、酸化。之后，火山灰挡住了阳光，气温骤降。这样的环境前后持续了约 500 万年，绝大多数生物遭受灭顶之灾，这就是第二次生物大灭绝事件。这次事件拉开了陆生脊椎动物进化的序幕。

3.7 亿 ~ 3.6 亿年前，一些肉鳍鱼慢慢爬上了陆地，经过漫长而艰难的历程，在连续不断的世代演变中，它们逐渐变成了在陆地和水中都可以生活的两栖动物。

肉鳍鱼开始登陆，标志着地球上的动物离开了海洋、河流、湖泊，陆地上开始有了生机。

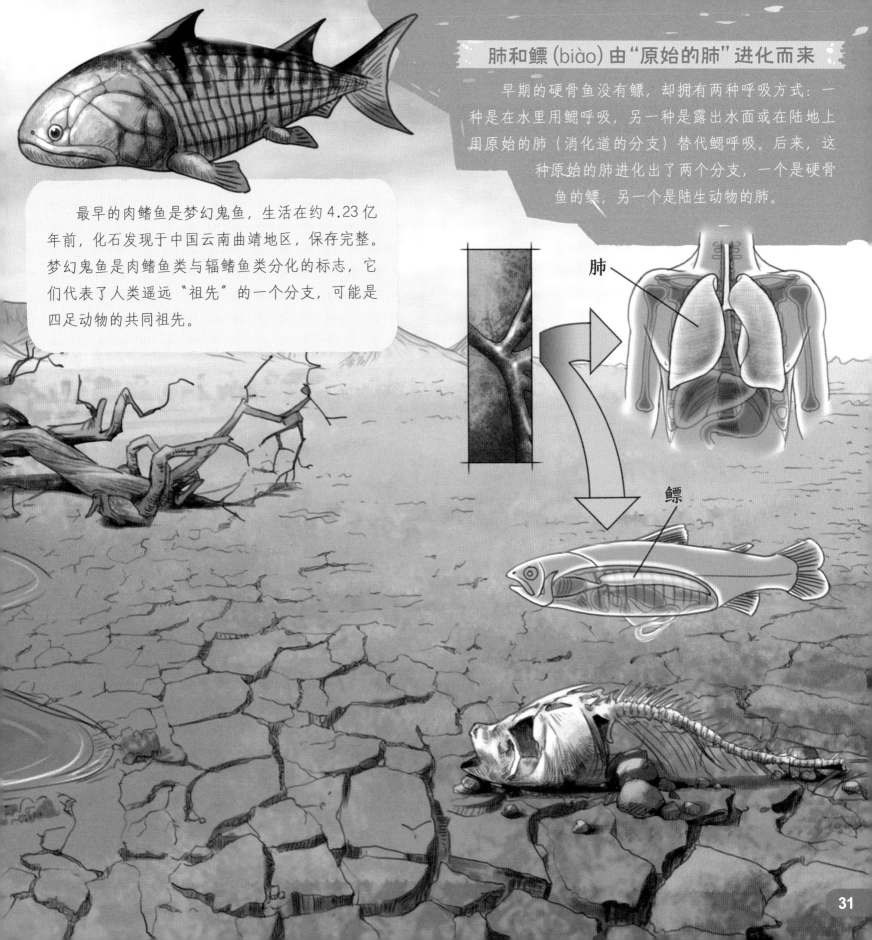

早期的硬骨鱼没有鳔，却拥有两种呼吸方式：一种是在水里用鳃呼吸，另一种是露出水面或在陆地上用原始的肺（消化道的分支）替代鳃呼吸。后来，这种原始的肺进化出了两个分支，一个是硬骨鱼的鳔，另一个是陆生动物的肺。

最早的肉鳍鱼是梦幻鬼鱼，生活在约 4.23 亿年前，化石发现于中国云南曲靖地区，保存完整。梦幻鬼鱼是肉鳍鱼类与辐鳍鱼类分化的标志，它们代表了人类遥远"祖先"的一个分支，可能是四足动物的共同祖先。

肺

鳔

31

登陆，登陆！

真掌鳍鱼和潘氏鱼是最早想要登上陆地的鱼，但它们都失败了。只有提塔利克鱼成功登陆，它们是所有陆生脊椎动物的祖先。提塔利克鱼已经具备了两栖动物的雏形，但它们仍是一种鱼。

生活在约3.8亿年前的真掌鳍鱼具有供呼吸用的内鼻孔和"鳔"。它们的头骨构造、牙齿和肉鳍等，与早期的两栖动物非常相似，有科学家认为从真掌鳍鱼到陆生脊椎动物，在进化上只差最后一个环节——爬上陆地。

潘氏鱼是肉鳍鱼类与早期两栖类之间的一种过渡物种。它们生活在约3.85亿年前，体长90～130厘米。

昆明鱼　　甲胄鱼　　盾皮鱼　　硬骨鱼　　肉鳍鱼　　　　　鱼石螈　　始祖单弓兽　　三尖叉齿兽
　　　　　　　　　（初始全颌鱼）（丁氏甲鳞鱼）（提塔利克鱼）

提塔利克鱼也是一种过渡性物种，它们的出现，按下了鱼类向四足形动物进化的"快进键"。

提塔利克鱼更适应生活在氧气含量较低的浅海。它们有鱼类的特征：有鳞、鳍，用鳃呼吸。同时它们也具有四足动物的特征：有肋骨、肩胛骨、脖子和四条腿，脖颈部还有了关节。不过它们还不能靠腿来行走。它们的头顶上方有两只眼睛，两个鼻孔靠近嘴的边缘。

肉鳍鱼类作为最早登上陆地的海洋生物，进化成了两栖动物，之后经过似哺乳类爬行动物、哺乳动物、灵长类和古猿，最后进化成了人类。

根齿兽　阿喀琉斯基猴　森林古猿　乍得人猿　地猿始祖种　南方古猿　能人　匠人　非洲海德堡人　智人

努力往岸上爬

两栖动物最大的变化是长出了肺，并且用肺呼吸，从而不再依赖鳃来获取水中的氧气。它们开始可以在陆地上生活，开启了陆生脊椎动物的新时代。

鱼石螈（yuán）的出现是脊椎动物进化史上的第三次巨大飞跃，它们长出四足，爬行登陆。鱼石螈是所有陆生四足动物的祖先，拉开了陆生脊椎动物进化的序幕。

鱼石螈体长约1.5米，体表有小的鳞片，尾鳍呈扁圆形，形态已经越来越不像"鱼"了。鱼石螈有了适应陆地生活的四肢，以及听觉、视觉、嗅觉和触觉。但它们走起路来还不能像后来的四足动物那样交错行进，而是四肢像两对划水的桨一样，支撑着身体向前移动。不过鱼石螈的宝宝只能在水里孵化和生活，所以它们还需要把卵产在水中。

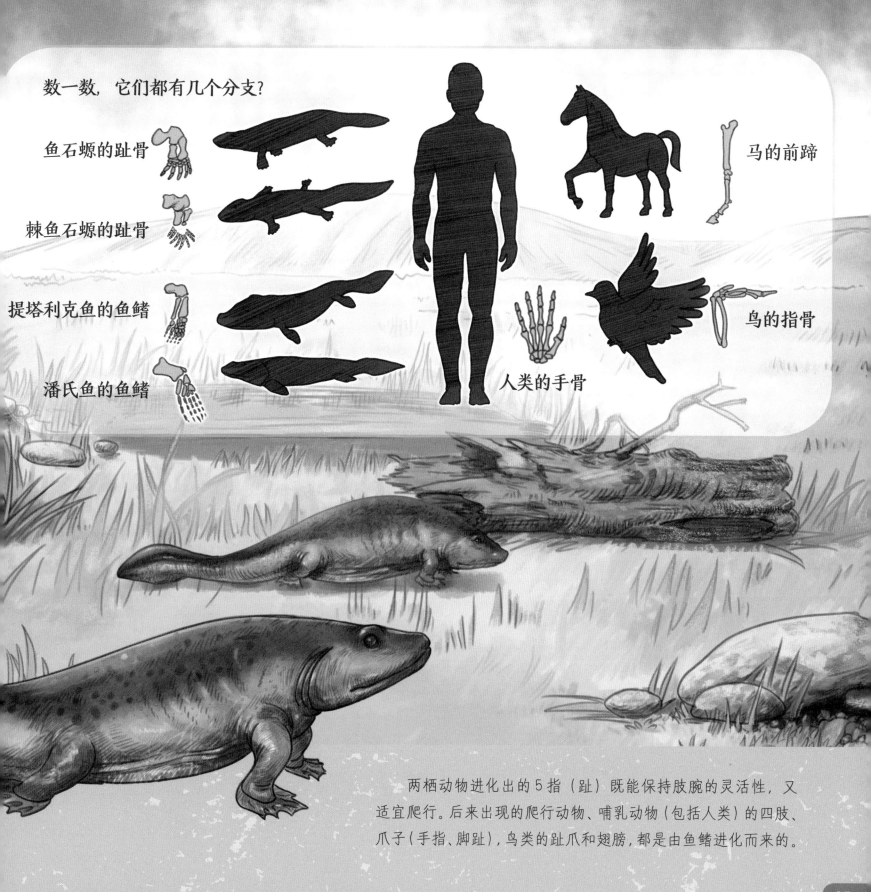

数一数，它们都有几个分支？

鱼石螈的趾骨

棘鱼石螈的趾骨

提塔利克鱼的鱼鳍

潘氏鱼的鱼鳍

人类的手骨

马的前蹄

鸟的指骨

两栖动物进化出的5指（趾）既能保持肢腕的灵活性，又适宜爬行。后来出现的爬行动物、哺乳动物（包括人类）的四肢、爪子（手指、脚趾），鸟类的趾爪和翅膀，都是由鱼鳍进化而来的。

日渐繁盛

提塔利克鱼爬上陆地，拉开了两栖动物进化的序幕，此后地球的陆地被两栖动物所统治，逐渐进化出许多种类。

海纳螈：约3.6亿年前，它们可能最早有了领地意识。

不会走路的棘鱼石螈：约3.6亿年前，它们是最早有明显四肢的脊椎动物，但还不适合在陆地爬行。

大鲵：因为叫声像婴儿啼哭，也被称为"娃娃鱼"。

过渡物种原水蝎螈：体形大，外表像蜥蜴，生活在沼泽地带，捕食习惯很像今天的鳄鱼。也许是原水蝎螈演变成了最早的爬行动物。

头形奇特的笠头螈：约2.7亿年前，它们形状古怪，成年个体头颅扁平，呈镖形。

长得像巨型青蛙的虾蟆螈：约2亿年前，头大尾短，体长4～5米。

引螈：像鳄鱼的两栖动物，是石炭纪至二叠纪最大的动物之一。

原始的两栖类，因牙齿的釉质层在横切面上像迷宫一样，被称为"迷齿"动物。鱼石螈、引螈、虾蟆螈、迷齿螈等都是此类动物。

蜥螈：生活在约2.7亿年前，是一种更接近爬行动物的两栖动物。

牙齿特别的迷齿螈：现在的两栖动物已经没有这种迷宫一样的牙齿结构了。

从肉鳍鱼进化而来的两栖类，有了能够爬行的四足、主动猎食的嘴巴、可以撕咬的牙齿、用于呼吸的鼻孔和肺、保护眼睛的眼睑（jiǎn）、能活动头部的颈关节、适合陆地生活的3缸型心脏和能够在陆地上听到声音的中耳。这一切都是基因突变、自然选择、适者生存的结果。

普氏锯齿螈：生活在约2.7亿年前，体长可达9米，体重达3吨，长得有点儿像现在的鳄鱼，是世界上出现过的最大的两栖动物。

枝繁叶茂

约35亿年前出现的蓝藻进化出了真核藻类——绿藻等，之后又逐渐进化出了今天种类丰富的树木、花、草等植物。

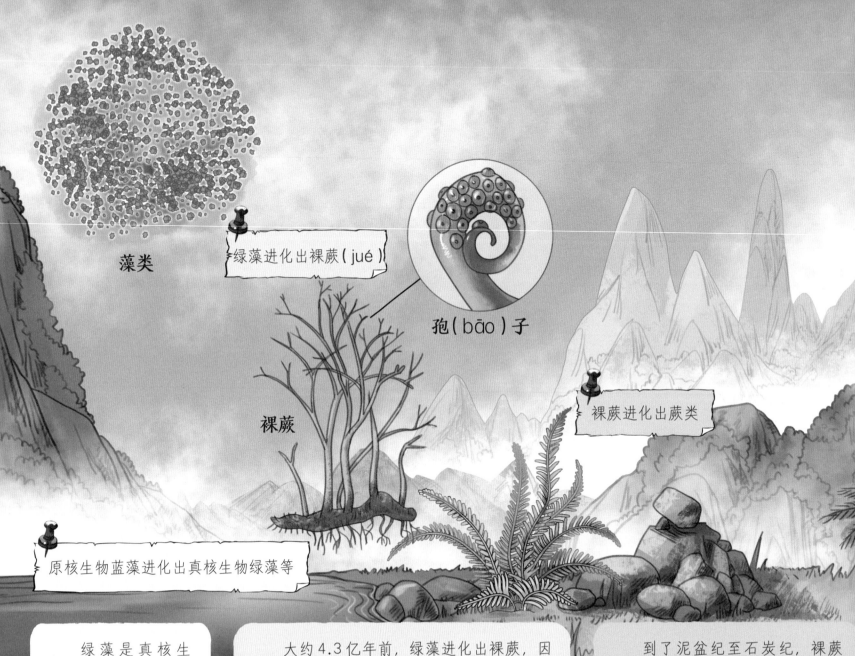

藻类

绿藻进化出裸蕨（jué）

孢（bāo）子

裸蕨

裸蕨进化出蕨类

原核生物蓝藻进化出真核生物绿藻等

　　绿藻是真核生物，其细胞与高等植物相似，具有细胞核、线粒体和叶绿体，是所有植物的祖先。

　　大约4.3亿年前，绿藻进化出裸蕨，因无叶而得名。裸蕨是最早进化出维管的植物，维管就是植物输送水分和养分的器官。裸蕨适应陆地生活，用孢子繁衍生息，是所有陆地高等植物的祖先。

　　到了泥盆纪至石炭纪，裸蕨进化出的蕨类植物覆盖了地球的陆地，形成最早的原始森林。约2亿年前，蕨类植物大都灭绝了，被埋入地下，变成了煤炭层。

蕨类进化出裸子植物

自然界的生物进化不具重复性，也就是说，现在的生物不会再进化出已经出现过的生物，因为气候条件、地理环境、生态特征等都发生了变化。比如，现代蕨类植物无论怎样，也不会再进化出裸子植物了。

蕨类植物还进化出被子植物

最早的种子植物是裸子植物，出现于晚泥盆世，在晚二叠世至晚白垩世繁盛。裸子植物主要包括苏铁、银杏、松柏类，以及已灭绝的科达树等植物。

一直到约1.45亿年前才出现了被子植物，就是我们熟悉的绿色、开花植物。它们形态各异，包括高大的乔木、矮小的灌木及一些草本植物，占据了植物的大多数种类。中国辽西地区发现的植物——古果，有世界最早的花之称。

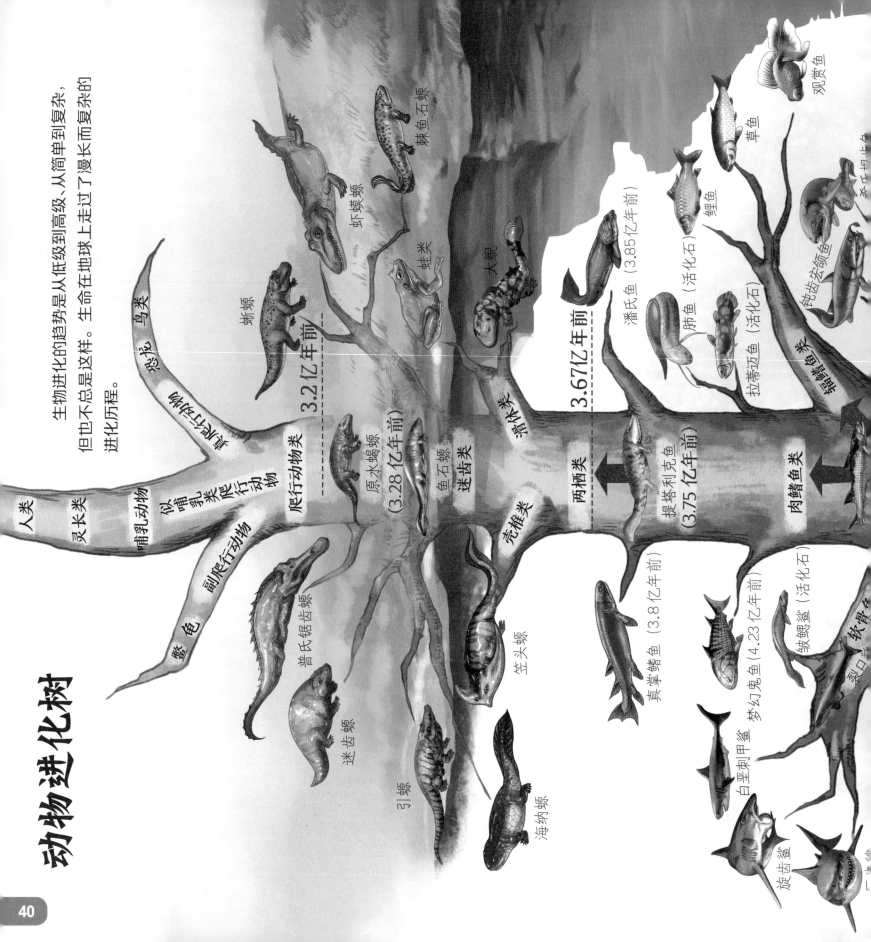

动物进化树

生物进化的趋势是从低级到高级、从简单到复杂，但也不总是这样。生命在地球上走过了漫长而复杂的进化历程。

人类

灵长类

哺乳动物

似哺乳类爬行动物

爬行动物类

副爬行动物

鳖龟

鸟类

恐龙

蜥螈

虾蟆螈

棘鱼石螈

蛙类

大鲵

滑体类

3.2亿年前

原水蝏螈

(3.28亿年前)

鱼石螈

迷齿类

普氏锯齿螈

迷齿螈

引螈

海纳螈

壳椎类

笠头螈

两栖类

3.67亿年前

提塔利克鱼

(3.75亿年前)

真掌鳍鱼 (3.8亿年前)

白垩刺甲鲨

梦幻鬼鱼 (4.23亿年前)

旋齿鲨

裂口鲨

皱鳃鲨 (活化石)

软骨鱼类

潘氏鱼 (3.85亿年前)

肺鱼 (活化石)

拉蒂迈鱼 (活化石)

肉鳍鱼类

草鱼

鲤鱼

钝齿宏颌鱼

辐鳍鱼类

观赏鱼

沟鳞鱼

长吻麒麟鱼

鳍甲鱼

头甲鱼

翼鳍鱼

叶足动物

三叶虫

仙鳃鳗（活化石）

七鳃鳗

奇虾

4.23亿年前

4.23亿～3.65亿年前

5亿～3.5亿年前

5.3亿年前

5.3亿年前

5.3亿～5.1亿年前

5.35亿年前

6.5亿年前

20多亿年前

35亿年前

40亿年前（时间均为约数）

门氏中鳞鱼

硬骨鱼类

初始全颌鱼

盾皮鱼类

曙鱼

甲胄鱼类

昆明鱼

原始无颌鱼类

西大动物

古虫动物类

寒武纪生命大爆发

冠状皱囊虫

最早后口动物

海绵

多细胞真核生物

领鞭毛虫

单细胞真核生物

蓝藻

原核生物

露卡

原始细胞团块

谜椎鱼

邓氏鱼

半环鱼

星甲鱼

恐鱼

海口鱼

华夏鳗

抚仙湖虫

灰姑娘虫

欧巴宾海蝎

2

爬行动物

巨虫的消失

大约在 3.07 亿年前，地球上发生了著名的 "石炭纪雨林崩溃事件"。

"巨虫时代"

大约 3.65 亿年前，地球的气候温暖潮湿，沼泽遍布，蕨类植物开始繁盛，为后来巨厚煤层的形成奠定了基础，人们把这一时期命名为 "石炭纪"。同时，这些蕨类植物在光合作用下产生大量的氧气，使当时的大气含氧量快速升高，虫子也因此长得巨大，出现了翼展近 1 米的巨脉蜻蜓、体长近 3 米的巨型马陆等，所以这一时期又被称为 "巨虫时代"。

石炭纪末期，地球气候逐渐从温暖潮湿变得干冷，进入"石炭纪大冰期"，蕨类热带雨林消失，只留下彼此隔离、低矮的树蕨类丛林，地球沦为生态孤岛。这被称为"石炭纪雨林崩溃事件"。

在这次事件中，巨型昆虫等节肢动物受影响最大，灭绝最多；两栖动物同样遭到灭顶之灾。而爬行动物却凭借自身独特的优势而大量繁衍，发展出多样化的物种，开始登上统治地球的舞台。

45

四足动物进化树

蜥臀目
鸟臀目

恐龙

西里龙

马拉鳄龙

波斯特鳄

链鳄

狂齿鳄

恐龙形类

恐龙形态类

阿希利龙

雷神翼龙

沛温翼龙

风神翼

兔蜥

翼手龙类

中国帆翼龙

悟空翼龙

翼龙类

海诺龙

沧龙

镶嵌踝类主龙

鸟颈类主龙

喜马拉雅鱼

股薄鳄

硬椎龙

主龙类

加斯马吐鳄

萨斯特鱼龙

歌津鱼龙

海怪龙

主龙形类

古鳄

短尾鱼龙

真鼻龙

海王龙

海洋龙

沧龙类

巢湖龙

海霸龙

蛇颈龙

鱼龙类

柔腕短吻龙

基龙

上龙

纤肢龙

蛇颈龙类

林蜥

杯鼻龙

油页岩蜥

古窗龙

龟鳖类

真爬行动物

盘龙目

异齿

副爬行动物

似哺乳类爬行动物

爬行动物

始祖单弓兽

46

除了鱼类之外，其余的脊椎动物都长着四肢，叫作四足动物，有着共同的祖先。我们人类也是其中的一员。

中国翼龙

古神翼龙

大眼鱼龙

扁鳍鱼龙

狭翼鱼龙

三尖叉齿兽

三棱齿兽

小驼兽

摩根齿兽

哺乳动物类

原犬鳄龙

三瘤齿兽

犬颌兽

犬齿兽类

水龙兽

二齿兽

锯颌兽

巨型兽

中华猎兽

包氏兽

兽齿类

狼蜥兽

兽孔目

苏美尼兽

冠鳄兽

巴莫鳄

四足动物的起源

陆地上的四足动物都是从生活在海洋中的鱼类进化而来的。最早在约 3.75 亿年前，四足形类的肉鳍鱼开始登岸探索陆地。

古老的"三兄弟"

爬行动物出现在3亿多年前，是从类似原水蝎螈的两栖动物进化而来的。最早的爬行动物身材小巧，没有鳞片，牙齿尖利，动作非常敏捷，以昆虫为食。

爬行动物有"三兄弟"。老大是真爬行动物，是很多动物的祖先，如水中的鱼龙、蛇颈龙和沧龙，以及空中的翼龙、陆上的鳄类和恐龙等。

老二是似哺乳类爬行动物，是哺乳动物和人类的祖先。

老三是副爬行动物，现存的只有龟鳖类。最近有研究表明，副爬行动物是由真爬行动物演化来的。

爬行动物的分类依据

随着爬行动物的进化，它们的眼眶后面的颅顶进化出了附加的孔，叫作颞（niè）颥（rú）孔，它们可以增强颌肌的功能，帮助进食。我们通过颞颥孔的数量来区分爬行动物"三兄弟"。

这里是眼睛。

真爬行动物有两个颞颥孔，属于"双孔亚纲"。

似哺乳类爬行动物只有一个颞颥孔，属于"单孔亚纲"。

副爬行动物没有颞颥孔，属于"无孔亚纲"。

现在世界上有1万多种爬行动物，最常见的包括蜥蜴、蛇、鳄鱼和龟鳖等四大类。

蛇

鳄鱼

蜥蜴

鳄龟

长寿的乌龟

人们常说"千年王八万年龟"，虽然现实中乌龟的寿命并没有那么长，但龟鳖类确实是寿命最长的动物之一。这是因为爬行动物的新陈代谢比较慢，而且有冬眠习性。

有一只亚达伯拉象龟，据说活了250年。

象龟

征服地球

与两栖动物相比，爬行动物最大的特点是它们靠产羊膜卵进行繁殖，不再需要回到水里产卵或依靠水孵化幼体。除此之外，爬行动物的心肺功能也变得更强大了。这些变化让它们更加适应干燥少水的陆地生活，为彻底征服地球做好准备。

羊膜卵指具有羊膜结构的卵，也就是我们平常说的"蛋"。哺乳动物的子宫就是在羊膜卵的基础上进化而来的。

羊膜囊是胎儿的卧室，犹如一个羊水袋，胎儿就沉浸在羊水里。

尿囊就是卫生间，是胎儿排泄的地方。尿囊上布满毛细血管，提供氧气，排出二氧化碳。

卵黄囊好似厨房，为胎儿提供各种营养。

最外面是钙质的硬壳，就像一个密封的育儿房。

抱团体内受精。

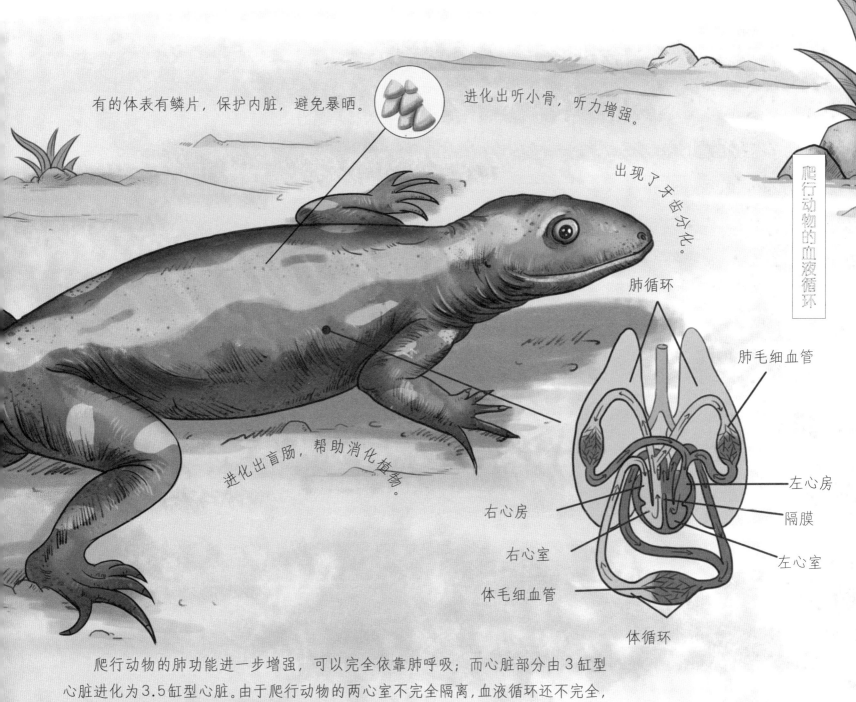

有的体表有鳞片，保护内脏，避免暴晒。

进化出听小骨，听力增强。

出现了牙齿分化。

肺循环

肺毛细血管

左心房

隔膜

右心房

右心室

左心室

体毛细血管

进化出盲肠，帮助消化植物。

体循环

　　爬行动物的肺功能进一步增强，可以完全依靠肺呼吸；而心脏部分由3缸型心脏进化为3.5缸型心脏。由于爬行动物的两心室不完全隔离，血液循环还不完全，产生的热量较少，体温调节机能也还不完善，所以它们仍是变温动物。

　　爬行动物有灵敏的嗅觉，可以弥补视觉和听觉的不足。它们开始有了肉食性与植食性的区别。

产羊膜卵、征服陆地，是脊椎动物进化史上的第四次巨大飞跃。

爬行动物的老大

貌似蜥蜴：古窗龙

又名古单弓兽，体长约 30 厘米，外表类似蜥蜴。它们生活在 3.12 亿～ 3.04 亿年前。古窗龙有锐利的牙齿和大眼睛，可以夜间猎食，可能以昆虫及小型动物为食，并且仍然拥有某些原始特征，与两栖动物相似。

长得像鳄鱼的主龙类生物：加斯马吐鳄

加斯马吐鳄是已知最早的主龙形类之一，生活在约 2.5 亿年前的早三叠世，体长约 2 米，形似现代鳄鱼。它们的口鼻前端向下弯曲，颌骨上缘有一排牙齿，有助于咬住猎物。

身材小巧：林蜥

林蜥生活在约 3.15 亿年前，是已知最古老的爬行动物之一，体长约 20 厘米，外表也类似现代蜥蜴。它们有小而锐利的牙齿，可能以昆虫为食。

现代鳄鱼的远祖：古鳄

古鳄是早三叠世最大型的陆地爬行动物之一，和现代的鳄鱼在很多方面都相似，但古鳄的口鼻部前端和加斯马吐鳄一样，也是向下弯曲的。

长有似犬齿的牙齿：油页岩蜥

油页岩蜥生活在约 3.02 亿年前，体长约 40 厘米，是已知最早的真爬行动物之一，主要以小型昆虫为食。

牙齿更大：纤肢龙

纤肢龙是油页岩蜥同时期的近亲。它们的差异主要在于牙齿，纤肢龙的牙齿更大、更钝，据推测可用来压碎昆虫的外壳。另外，纤肢龙的头骨也更加坚硬，咬合力更大。

53

第三次生物大灭绝

约 2.51 亿年前的晚二叠世，地球上再一次发生了生物大灭绝事件。

大量火山爆发，碎岩和岩浆覆盖了陆地，气温骤增，有毒气体引起了持续上万年的酸雨，大气含氧量急剧下降、海洋缺氧……导致森林消亡、生态系统崩溃，造成了 95% 的海洋生物和 75% 的陆生脊椎动物永远消失。这次生物大灭绝事件之后不久，生态系统彻底更新，原本处于边缘地位的主龙类爬行动物强势崛起，体形由小变大，物种由少变多，它们迅速称霸了海、陆、空。

这是地球上规模最大、毁灭性最强的生物大灭绝事件。从此，三叶虫在地球上销声匿迹，但同时也有一些生物，如鹦鹉螺、鲎（hòu），以及鳄鱼等幸存下来，并且一直生活到了今天，它们都被称作"活化石"。

鲎

鹦鹉螺

三叶虫

古鳄

在这次事件中，鳄类动物遭到重创，只有少量鳄存活到了现在。还有似哺乳类爬行动物，它们在中晚二叠世时十分繁盛，种类繁多，但大部分在这次事件中消失了。

幸存的一支似哺乳类爬行动物在大约2.05亿年前进化成了最早的哺乳动物——摩根齿兽。

55

"龙" 的祖先

　　这里说的"龙"，是指名字中带"龙"字的爬行动物，如鱼龙、蛇颈龙、翼龙、阿希利龙等，不过，它们都已经灭绝了。这些"龙"既不是作为中华民族图腾的龙，也不是史前的恐龙。

翼龙祖先——沛 (pèi) 温翼龙

　　它们生活在约 2.3 亿年前，体形较小，翅膀比较短，翼展只有约 40 厘米。它们有一条长尾巴，形状像飞镖，末端很尖。和身体相比，它们的头很大，嘴巴里长满尖锐的牙齿，可以捕猎小型动物。

鱼龙祖先——柔腕短吻龙

　　它们生活在约 2.48 亿年前，体长 40 厘米左右，是第三次生物大灭绝事件之后最早出现的鱼龙。正如它们的名字一样，柔腕短吻龙的吻部很短。它们仍然保留着陆生动物的特征，也没有牙齿，腕部可以弯曲，像海豹一样用前肢支撑身体。这些体貌特征，证明了柔腕短吻龙正处于从陆地到海洋生活的过渡期。

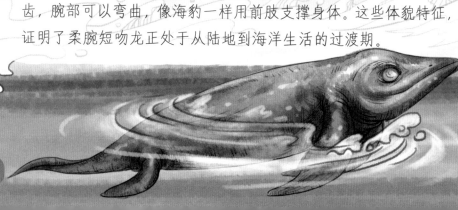

中生代是爬行动物的时代

从早三叠世至晚白垩世的中生代，各种各样的爬行动物呈多样化、爆发式发展，几乎占领了地球的各个角落。

恐龙的祖先——阿希利龙

它们是最古老的恐龙形类动物，生活在约2.45亿年前，体长1~3米，体重10~30千克，和后来的恐龙相比，算是小个子。虽然阿希利龙在形态上非常接近恐龙，但它们不是恐龙，也许可以算作恐龙的祖先。

海洋中的"龙"

　　鱼龙、蛇颈龙、沧龙等生活在海洋中，它们并不是恐龙，而是与恐龙拥有共同的祖先——最早的真爬行动物，如林蜥等。

　　鱼龙最早出现在约2.48亿年前的早三叠世，在晚白垩世灭绝。它们长得非常像海豚，用肺呼吸，是卵胎生的爬行动物。

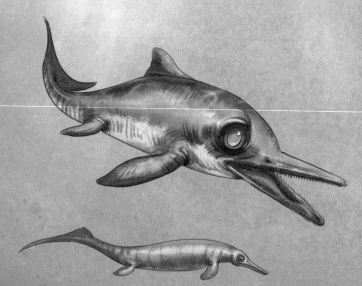

大眼鱼龙

　　它们的眼睛像小号足球那么大，帮助它们在光线较暗的深海中捕食。大眼鱼龙的眼睛内部有一圈软骨，叫作巩膜环，用来保护眼球，让它们可以在压强较高的海底维持眼睛的形状。不过，它们不能像鱼类一样用鳃呼吸，必须返回海面换气。

巢湖龙

　　它们是柔腕短吻龙之后最早出现的鱼龙，因化石发现于中国巢湖地区而得名。它们是体形最小的鱼龙，体长只有1米左右。

喜马拉雅鱼龙

　　它们生活在2亿多年前的晚三叠世，四肢已经进化成适合游泳的桨状鳍，有200多颗扁锥状锋利的牙齿，捕食其他鱼类。

扁鳍鱼龙

它们是白垩纪最大的鱼龙之一，前鳍状肢形状扁平、宽大，部分腕骨在进化中消失。它们也是大眼鱼龙家族的一员。

萨斯特鱼龙

它们生活在2.3亿～2.1亿年前，是目前发现的所有鱼龙类中体形最大的，有的体长可以达到23米。

真鼻龙

它们的上颌长度能达到下颌长度的两倍，两侧拥有尖锐的牙齿。独特的上颌有可能便于它们搜寻海底的猎物，或者用来攻击猎物。

一出生就游泳

鱼龙虽然也是由卵孵化成的，但受精卵既不能直接产在岸上，也不能在水中孵化，所以鱼龙的生殖方式产生了进化，雌性鱼龙在体内受精后，将受精的羊膜卵在母体内孵化，再把幼崽产出体外。小鱼龙一出生就可以在水中游泳了。

已经发现的化石表明，小鱼龙从妈妈肚子里出来时是先露出尾巴的，这可以让它们出生后以最短的时间升到水面呼吸，避免因呛水而死亡。这种特殊的卵生方式让鱼龙可以更好地适应水中生活，我们叫它"卵胎生"。

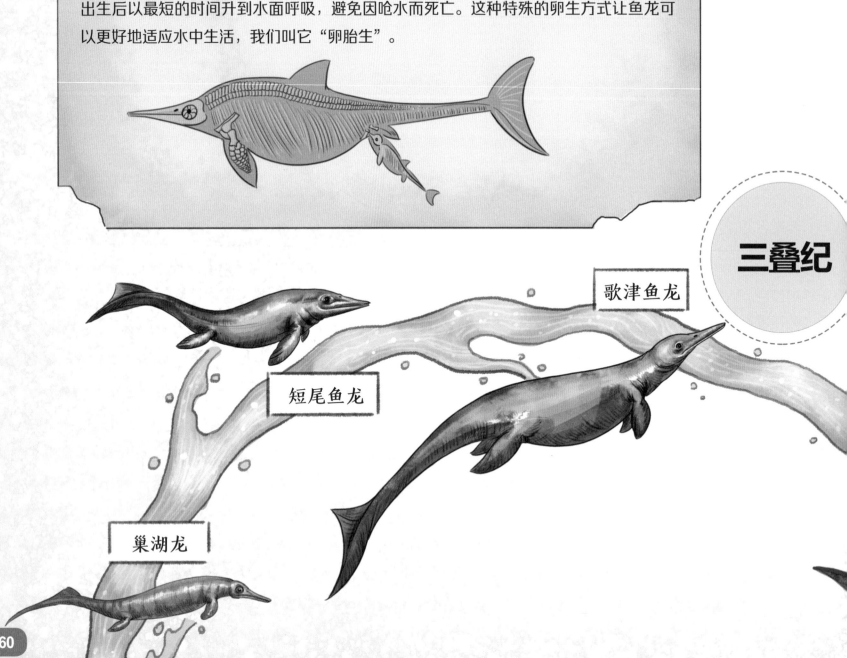

三叠纪

歌津鱼龙

短尾鱼龙

巢湖龙

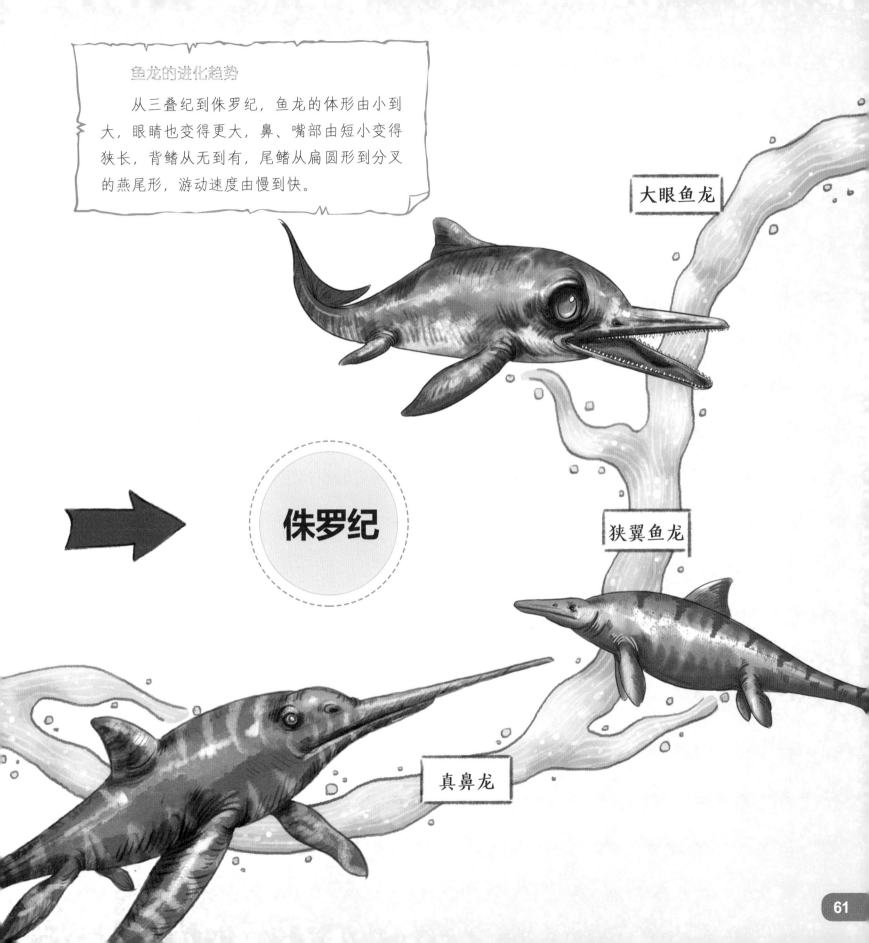

鱼龙的进化趋势

　　从三叠纪到侏罗纪，鱼龙的体形由小到大，眼睛也变得更大，鼻、嘴部由短小变得狭长，背鳍从无到有，尾鳍从扁圆形到分叉的燕尾形，游动速度由慢到快。

大眼鱼龙

侏罗纪

狭翼鱼龙

真鼻龙

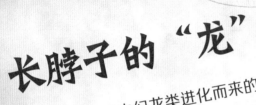

长脖子的 "龙"

蛇颈龙类是由幻龙类进化而来的，它们首次出现在约 2.3 亿年前的中三叠世，在侏罗纪尤其繁盛，直到 6600 万年前灭绝。根据脖子的长度，蛇颈龙家族又分为蛇颈龙类和上龙类 "两兄弟"，它们是当时最大的水生动物，体形比最大的鳄鱼还大。

蛇颈龙

蛇颈龙在英文里的意思是 "接近蜥蜴"。它们在海中捕食其他鱼类，体长 3～5 米，有着像蛇一样细长的脖颈，身体较宽，四肢像鱼鳍一样，但比鱼鳍更细长。蛇颈龙的脖子虽然长，但因为颈椎骨骼连接紧密，只能小幅度摆动，并不像想象中那么灵活。

海洋龙

海洋龙是一种小个子蛇颈龙，体长 1.5～2 米，脖颈也很长。虽然体长不到蛇颈龙的一半，但海洋龙的头比蛇颈龙的大，占了体长的十分之一。

海霸龙

海霸龙生活在约 9500 万年前，体长约 12 米，颈部就有约 6 米长，占了体长的一半，四肢长 1.5～2 米。人们在它们化石的胃部区域发现过石头，有研究认为这可能是用来磨碎食物的。

上龙

上龙是蛇颈龙的兄弟，体长 4～10 米。与蛇颈龙不同，它们的脖颈比较短，而头部较长，上颌咬合有力，四肢已经进化为宽平的鳍状肢，是三叠纪到白垩纪海中的顶级掠食者。

昙花一现

沧龙类在 8500 多万年前的晚白垩世出现，仅生存了 2000 万年，就与恐龙、翼龙等一同灭绝了。沧龙类体形一般较大，形似鳗鱼，没有背鳍，有扁圆状尾鳍，依靠身体的伸缩和尾鳍摆动在水中游动，像一艘飞快的潜水艇。沧龙都是肉食性的，牙齿小而锋利，多以小型鱼类和水生无脊椎动物为食，是当时大海中的顶级掠食者。

海诺龙

最大的沧龙类之一，体长约 12 米，体重约 10 吨。它们会捕食鱼类甚至其他沧龙类，捕食猎物的方式通常是生吞。

沧龙

沧龙生活在 7000 万 ~ 6600 万年前，外形看上去像四肢为鳍状的鳄鱼，最大体长可以达到 17 米，体重超过 20 吨。它们有着锥形的尖锐牙齿，会将猎物咬断、撕裂后吞下。蛇颈龙类、上龙类、鱼龙类都是它们的猎物，它们几乎将海里的对手都赶尽杀绝了。

硬椎龙

在沧龙家族中算是体形比较小的，体长 2～4 米。它们生活在浅海，海面附近的鱼类乃至能飞行的翼龙类都是它们的食物。硬椎龙的尾巴几乎占了体长的一半，能帮助它们游得更快。

海王龙

海王龙和海诺龙是近亲，体长约 15 米，体重约 10 吨。海王龙的尾巴比海诺龙的要长，约占体长的一半，游泳时就像一根巨大的桨一样。科学研究发现，海王龙与现代巨蜥有较近的亲缘关系。

海怪龙

海怪龙是海王龙、海诺龙的近亲，也是凶猛的捕食者。由于发现的化石较少，只能推测它们体长大约 20 米。

在天空中飞翔

翼龙和恐龙几乎同时出现，同时灭绝。

翼龙利用上升气流来飞行，可以飞行数千千米的距离。目前科学家们已经发现并命名的翼龙有140多种。最近的研究证明，翼龙是恒温动物，体表有毛，可能是世界上最早穿上"羽绒服"的动物。

趋同进化的例子：翼膜的进化

趋同进化，是指在相似的生态环境下，原本不同的物种会进化出一些相似的地方，典型的例子就是翼龙与蝙蝠。

翼龙是爬行动物，蝙蝠是哺乳动物，但它们的前肢和身体进化出相似的翼膜，都靠翼膜飞行，不过它们翅膀的结构不同。

翼龙的翅膀相对原始，没有协助飞行的肌肉，仅依靠气流来飞行。翼膜由第四根指骨延长与体侧连接而成。

蝙蝠翅膀的形状比鸟类更加灵活多变，飞行时更加轻松。翅膀靠掌骨和其他四根指骨的延长来支撑，即由掌骨、指骨间的翼膜与后肢、尾部连接而成。

观察一下，它们的翼膜有什么不一样？

鸟类和蝙蝠刚出生时不会飞，需要父母帮助觅食和保护它们。但根据对翼龙蛋化石的最新研究，翼龙与鸟类和蝙蝠大不相同，翼龙不照顾幼崽，翼龙幼崽一出壳，就能捕食和飞行。

翼龙的家族

翼龙在长达 1.6 亿多年的时间里，进化出了许多种类。它们之间的体形差别很大，小的像现在的普通鸟类这么小，大的有一架小型飞机那么大。

悟空翼龙

悟空翼龙是一种小型的肉食翼龙，有长脖子和长尾巴。它们可能处于翼龙类中的非翼手龙类向翼手龙类进化的过渡环节。

风神翼龙

风神翼龙是目前已知最大的飞行动物，身高超过两层楼，翼展最长达 15 米。它们会爬上一处较高的地方，然后张开翅膀从上面跳下来，在空中滑翔。风神翼龙没有牙齿，在地面上行走的时候，是四肢着地的。

古神翼龙

古神翼龙体形较小，头骨只有 20 厘米长，短尾巴，翼展约 6 米。不同种类的古神翼龙头顶有不同大小和形状的冠饰。科学家认为，古神翼龙可能是不定时活跃性动物，白天、夜晚都有可能觅食、活动。

雷神翼龙

雷神翼龙没有牙齿，头顶长着巨大的头冠，形状像船帆，由颅骨延伸出的两根细长骨棒支撑，头冠的大部分是像鸡冠一样的软组织。

中国帆翼龙

帆翼龙属于中大型翼龙，翼展可能达4～5米，嘴部有些像鸭子的嘴。它们的翼膜形状像帆，因此得名。中国帆翼龙的体形在帆翼龙中相对较小。

中国翼龙

中国翼龙的头部较大，有着像鸟类的尖嘴，嘴里缺乏牙齿。头部上方有一个较长的骨质冠，后肢较小，便于将身体悬挂在树枝或岩石上。它们可能是杂食性动物。

恐龙的"爷爷"在这里

在恐龙出现之前，称霸陆地的是主龙类爬行动物。主龙类有"两兄弟"，老大是鸟颈类主龙，老二是镶嵌踝（huái）类主龙。

鸟颈类主龙有着挺立的步态与 S 形曲线的脖子，用脚趾着地行走或奔跑。它们是恐龙、翼龙，以及现在鸟类的祖先。

兔蜥

兔蜥体长约 70 厘米，后肢长约 25 厘米，也是两足行走，它们的第四根脚趾特别长。兔蜥与恐龙的直系祖先关系很近，一度被认为是恐龙的祖先。

马拉鳄龙

马拉鳄龙体长约 40 厘米，用两足行走。

除了前面介绍的阿希利龙外，接近恐龙的爬行动物还有西里龙。它们生活在约 2.3 亿年前。也曾有研究者把它们归类为恐龙的祖先之一。

镶嵌踝类主龙也称假鳄类，是现代鳄类的祖先。它们口鼻狭长、颈部粗壮，有脚后跟，用脚掌着地行走，四肢由趴姿变为直立，体表覆有鳞片。

狂齿鳄

狂齿鳄生活在约2.2亿年前，体长可达3米，有着很长的嘴部，是当时湖泊中的顶级掠食者。它们的鼻孔和眼睛距离很近，可以潜伏在水中将鼻孔和眼睛露出水面，伺机捕食。

股薄鳄

股薄鳄体长约30厘米，头骨较厚，口鼻部较狭窄，后腿可以短距离奔跑。

波斯特鳄

波斯特鳄是现代鳄鱼的早期远亲，生活在2.28亿~2.02亿年前，有着像鳄鱼一样尖利的牙齿，体长约4米，前肢长于后肢，两足或四足行走。

链鳄

链鳄又名有角鳄，体长约5米，高约1.5米。它们的体表覆盖着坚硬的甲片，肩膀两侧各有一只长约45厘米的尖角，口鼻部形状像铲子。链鳄虽然长得凶猛，却是植食性动物。

哺乳动物的祖先

在二叠纪，生活在陆地上的除了上述爬行动物之外，还有哺乳动物的祖先——似哺乳类爬行动物，它们是从爬行动物向哺乳动物进化的过渡类型，与恐龙和鸟类亲缘关系疏远，反而与哺乳动物更接近。

杯鼻龙

杯鼻龙的最大个体体长约6米，是当时的大块头，有着大水袋一样的身体和宽大的脚掌。它们的鼻子像是两个杯子镶在脑袋上，究竟能起到怎样的作用还在研究中。

哺乳动物的听小骨

早期似哺乳类爬行动物的表皮没有鳞片，也没有毛发，从外表看，更像是"裸体"的蜥蜴。

另外，所有爬行动物的下颌骨都由3块小骨头组成，进化到胎盘哺乳动物后，下颌骨变成了1块齿骨，听小骨也变成了3块骨头，所以，哺乳动物的听力更灵敏。

始祖单弓兽

最早、最原始的似哺乳类爬行动物是始祖单弓兽，它们生活在约3.06亿年前，没有鳞片，已具有较大的犬齿，这表明它们是肉食性动物。

"帅气" 的背帆

异齿龙

异齿龙是大型顶级掠食动物，一般体长 3～3.5 米，体重 100～150 千克。

异齿龙最大的特点是有大型颅骨和两种不同形态的牙齿，它们也因此得名。其中一种是用于切割食物的牙齿，另一种是用来撕裂食物的尖齿，这两种牙齿后来分别进化成哺乳动物的门齿和犬齿。

异齿龙背部有高大的背帆，用来调节体温，也有可能用来求偶或是吓退猎食者。有研究表明，一只成年异齿龙体温从 26 摄氏度提升到 32 摄氏度，若没有背帆需要 205 分钟，若有则只需 80 分钟。

基龙

基龙和异齿龙长得有点儿像，也有一个背帆，但它们以植物为食。基龙牙齿的分化不像异齿龙那么明显，不过它们的牙齿比较多，不仅颌骨上有，口腔上部也有。

端生牙

侧生牙

槽生牙

牙齿的结构

让人意想不到的是，动物的牙齿最早是由鱼鳞进化而来的，牙齿在牙床上的附着主要有以下三种形式。

端生牙：没有牙根，容易脱落，鱼类和两栖动物大多是端生牙，呈三角形或单锥形。

侧生牙：牙体有基部与颌骨附着，一侧的基部伸入颌骨内，部分两栖类、爬行类动物是侧生牙。

槽生牙：有完善的牙根，固定在颌骨内，哺乳动物（包括人类）的牙都是槽生牙。

牙齿的进化

附着方式：逐渐进化出牙根，越来越坚固。

牙齿数量：从多变少。

生长部位：从口腔内分散变为集中在上下颌骨。

牙齿结构：从单一变为多种，由同形牙进化为异形牙。

替换次数：从终身不断用新牙替换旧牙，演变为一生只替换一次。

哺乳类牙齿

两栖类牙齿

鱼类牙齿

爬行类牙齿

奇怪而强大

从 2.7 亿~ 2.6 亿年前的中二叠世起,巴莫鳄、冠鳄兽、中华猎兽、巨型兽、苏美尼兽等成为陆地的主人,它们已经长出了和人类相似的门齿和犬齿。

巴莫鳄

巴莫鳄的眼睛后方有大型颞颥孔,与其他原始似哺乳类爬行动物的小型颞颥孔不同。巴莫鳄的咬合力可能不那么强。它们的上颌有 8 颗小型门齿,后方为 6 颗犬齿。

冠鳄兽

冠鳄兽是约 2.55 亿年前最大型的陆地动物之一。它们的特点是头顶有着明显的角,或许是为了吸引同类。它们是杂食性动物,上下颌各有 6 颗门齿、2 颗犬齿,还有其他较小的牙齿。

中华猎兽

中华猎兽体长约2米，头骨长约35厘米，生活在约2.65亿年前。

巨型兽

巨型兽体长约2.85米，头骨长约80厘米，生活在约2.5亿年前。它们有着长尾巴和较短的四肢，和大部分爬行动物一样，四肢长在身体两侧，是一种肉食性动物，有着巨大的牙齿。

苏美尼兽

苏美尼兽生活在约2.6亿年前，是最早的树栖脊椎动物。它们脚趾细长，最明显的特点是每只脚上都有一个脚趾能与其他4个脚趾对握，便于在树上抓握与爬行，这样它们既可以在树上进食，又可以躲避天敌。

二齿兽的世界

在 2.45 亿~ 2.28 亿年前的中三叠世, 二齿兽、包氏兽等成为当时陆地的霸主。它们都有突出的两颗牙齿——犬齿或军刀齿。

犬齿

长出两颗明显的犬齿的似哺乳类爬行动物开始学会用嘴巴和前爪刨土做窝, 听觉变得灵敏, 可以更好地从危险中逃生。它们进化出各种各样的特征: 有的像现代鼹鼠一样挖洞, 有的成为生活在树上的脊椎动物, 还有的体形和今天的河马差不多。

二齿兽

除了上颌有一对巨牙, 嘴里没有其他牙齿, 嘴巴是类似乌龟的角质结构。它们擅长挖洞, 能够挖出处处相连的地道。

水龙兽

体长约 1 米, 长得很像现代河马和猪的结合体, 有个猪鼻子, 还有一对明显的犬齿, 靠吃植物为生, 被称作"史前猪"。它们在约 2.51 亿年前第三次生物大灭绝事件中幸存了下来。

军刀齿

双重军刀状牙齿是哺乳动物獠牙的由来。

包氏兽

它们的头骨已经具备了哺乳动物的特点。

狼蜥兽

凶猛的肉食性动物，长得像巨蜥和狼狗的混合版。它们的牙齿相当大，上颌有 6 颗大门齿、2 颗犬齿和 10 颗较小的后齿，而下颌有 6 颗大门齿和 8 颗较小的门齿。

锯颌兽

锯颌兽体长约 1.5 米，有着相当大的门牙，也是肉食性动物。

又进一步

进化到这个阶段的爬行动物既能够爬行，也能够半直立行走；有胡须，身上覆盖着皮毛，可能是穴居的温血动物；已经有了明显分化的门齿、犬齿和臼齿——不过它们仍然是卵生的似哺乳类爬行动物。

三尖叉齿兽

三尖叉齿兽是最著名的动物之一，它们是爬行动物与哺乳动物之间的完美过渡物种，是最像哺乳类的一种爬行动物。它们已经能够完全站立，有外耳郭，可能有胡须，身体也可能覆盖皮毛，牙齿锋利，可以捕捉小型动物。

原犬鳄龙

原犬鳄龙体长约 60 厘米，尾巴较长，脚掌平坦，可能是半水生动物，像现代的鳄鱼那样扭动身体游泳，脚掌像船桨一样划水。

三棱齿兽

三棱齿兽已经很像哺乳类了，但是生理结构上仍保留了许多爬行动物的特点，可能是哺乳动物祖先的近亲。它们有可能在夜间活动，以捕虫为生，也可能发展出杂食性的特点。

三瘤齿兽

三瘤齿兽拥有许多现代哺乳动物的特点，但它们还是卵生动物，具有似哺乳类爬行动物的下颌骨、头颅结构，以植物为食。

小驼兽

小驼兽体长约50厘米，长得像现在的老鼠，也是以植物为食。

犬颌兽

犬颌兽体长约1米，长得有点儿像狗，是肉食性动物。它们的四肢已经可以直立在身体下方，但走起路来仍然是前肢略朝向两侧，有点儿爬行动物的影子。

两只犬颌兽正在享用水龙兽大餐。

81

哺乳动物出场了

哺乳动物的出现是脊椎动物进化史上的第七次巨大飞跃：恒温长毛，胎生哺乳。

最早、最原始的哺乳动物摩根齿兽出现在约2.05亿年前的晚三叠世，此后进化出了许多不同的种类。它们的体型都非常小巧，体长不足1米，在巨兽林立的时代里显得毫不起眼儿。不过，它们也有自己的生存绝技。

早期哺乳动物其实是夜行族

科学研究发现，早期的哺乳动物为了躲避恐龙的捕食，多数生活在洞穴里，因此发育出灵敏的听觉，并且很有可能将自身活动限制在夜间。在恐龙灭绝后，哺乳动物从夜间活动转变为白天活动的过渡期可能长达数百万年。

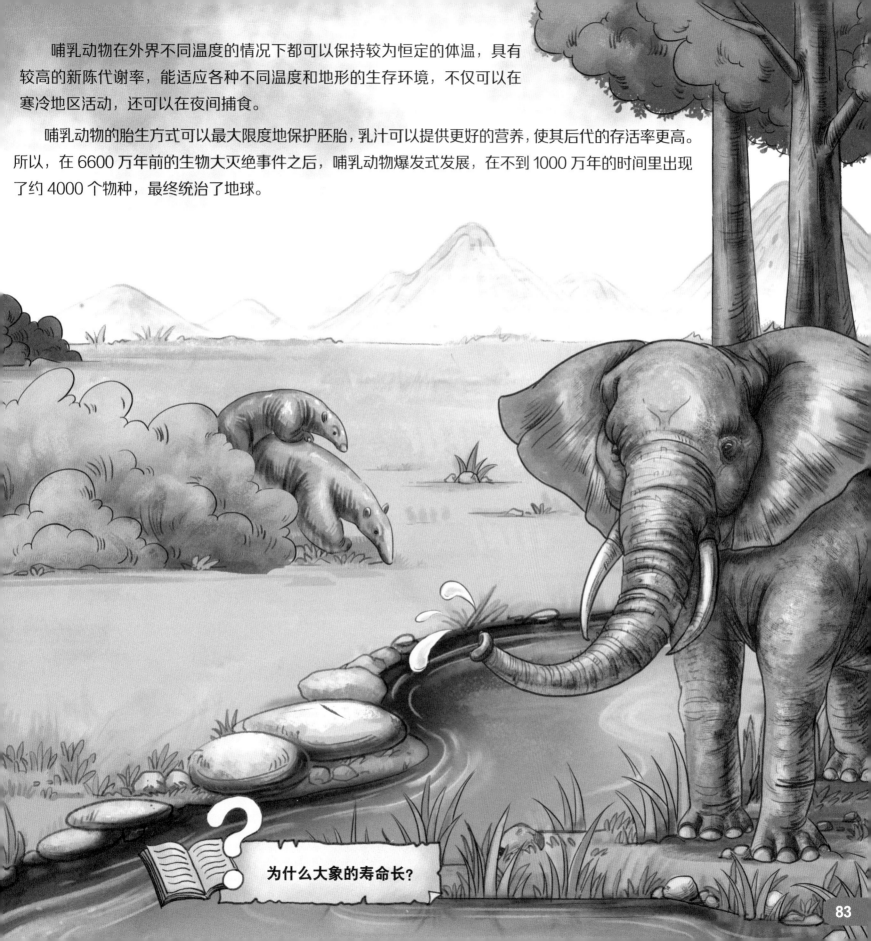

　　哺乳动物在外界不同温度的情况下都可以保持较为恒定的体温，具有较高的新陈代谢率，能适应各种不同温度和地形的生存环境，不仅可以在寒冷地区活动，还可以在夜间捕食。

　　哺乳动物的胎生方式可以最大限度地保护胚胎，乳汁可以提供更好的营养，使其后代的存活率更高。所以，在 6600 万年前的生物大灭绝事件之后，哺乳动物爆发式发展，在不到 1000 万年的时间里出现了约 4000 个物种，最终统治了地球。

为什么大象的寿命长?

3

恐龙

恐怖的蜥蜴

第三次生物大灭绝事件后，天上开始出现了翼龙，水里有了鱼龙，而我们这本书的主角——恐龙，也闪亮登场了。

大约2.34亿年前，第一种恐龙——始盗龙出现了。始盗龙的化石发现于现在的南美洲，科学家推测它们可能是所有恐龙的祖先，所以我们把南美洲看作恐龙的摇篮。

大约2亿年前，地球板块运动，岩浆喷发，导致了第四次生物大灭绝事件，恐龙却因这场灾难而爆发式、多样化发展，由弱小变得强大。它们迅速成为地球霸主，统治地球1.6亿多年。

恐龙都没有脚后跟，靠脚趾着地行走或奔跑。

英文 dinosaur 一词由英国古生物学家理查德·欧文创造，意思是"恐怖的蜥蜴"。中文"恐龙"一词，源自日文。

恐龙的体温相对恒定，靠生理活动调节体温，有的会孵蛋。

四足行走或
后肢行走，用前
肢捕食。

恐龙的四肢位
于躯体的正下方，
它们不再肚皮贴着
地面匍匐前进。

第一个发现
恐龙化石的人，
是英国一位名叫
吉迪恩·曼特尔
的乡村医生。

恐龙的『族谱』

中国鸟
孔子鸟
中华神州鸟
热河鸟
树息龙
奇翼龙
始祖鸟
小盗龙
鸟类
鸟翼类
窃蛋龙
近鸟龙
霸王龙
近鸟类
镰刀龙
羽王龙
特暴龙
似鸟龙
巴塔哥巨龙
手盗龙类
阿瓦拉慈龙
帝龙
侏罗猎龙
圆顶龙
腕龙
中华龙鸟
美颌龙
斯基龙
异特龙
理理恩龙
哥斯拉龙
滥食龙
永川龙
虚骨龙类
腔骨龙
中华盗龙
蛮龙
蜥脚类
坚尾龙类
原蜥脚类
斑龙
原始蜥臀目
兽脚类
始盗
埃雷拉龙
棘龙
虚骨龙
蜥臀目
双脊龙
南十字龙
太阳神龙

恐龙的家族十分庞大，形态各式各样，遍布世界各大洲。
恐龙中有植食性恐龙、肉食性恐龙，还有和我们人类食性一样
的杂食性恐龙。目前科学家已经发现了1000多种恐龙的化石。

中国角龙

朝阳龙

双角龙

平头龙

肿头龙

山东龙

角龙类

青岛龙

禽龙

龙王龙

峨眉龙

蜥脚类

沱江龙

马门溪龙

剑龙类

华阳龙

剑龙

禄丰龙

鞍龙

黑水龙

中原龙

果齿龙

钦迪龙

甲龙类

包头龙

艾沃克龙

甲龙

小盾龙

鸟臀目

始奔龙

皮萨诺龙

恐龙

为什么翼龙、鱼龙等不是恐龙？

两大家族的秘密

按照骨盆结构的不同，恐龙可以分为两大家族：鸟臀目和蜥臀目。除此之外，其他带有"龙"字的动物，比如翼龙、鱼龙、蛇颈龙等，都不是恐龙。

鸟臀目的意思是"臀部像鸟一样"，它们的骨盆结构有点儿像一把手斧，不过手斧的中间有个洞。鸟臀目大多是植食性恐龙，具有代表性的有最早的皮萨诺龙和始奔龙，以及后来出现的鸟臀目"五兄弟"——剑龙类、甲龙类、鸟脚类、角龙类和肿头龙类。

始奔龙

蜥臀目恐龙的臀部和蜥蜴相似，它们的骨盆从侧面看像一个小马扎，一根骨头向前伸，另一根骨头向后伸。具有代表性的是马门溪龙、腕龙、霸王龙等。

中国的龙与恐龙的区别

中国的龙：中华民族的图腾，是一种文化的象征，在自然界里并不存在。人们想象中的龙的形态经过了几千年的演变，是驼头、鹿角、蛇身、鱼鳞和鹰爪等的复合体。传说它可以呼风唤雨，保佑一方风调雨顺，所以被奉为保护神。古时候，皇帝自称"真龙天子"，只有皇帝才可以穿龙袍、坐龙椅、睡龙床。

小盗龙

近鸟龙

恐龙：一种真实存在过的史前动物，生活在2.34亿～6600万年前，形态各异，大小不一，分布于世界各地。中国是发现恐龙种类最多的国家，特别是长毛的、会飞的恐龙，如近鸟龙、小盗龙等。

霸王龙

温和的小个子

早期的鸟臀目恐龙大多生活在 2 亿多年前，用两足行走或奔跑，体形较小，一般体长 1 米多，体重不过几千克，多以植物为食，性情温和，不会主动攻击别的动物，常常成为肉食性恐龙的猎物。

已知最早的鸟臀目恐龙：皮萨诺龙

皮萨诺龙化石发现于南美洲，它们生活在 2.28 亿 ~ 2.17 亿年前，体长约 1 米，用两足行走。

"最初的奔跑者"：始奔龙

始奔龙生活在约 2.1 亿年前，体长只有 1 米多，是一种体重非常轻的两足恐龙，跑得非常快。

小巧玲珑的恐龙：果齿龙

果齿龙生活在约 1.5 亿年前，体长不足 1 米，体重小于 1 千克，是体形很小的鸟臀目恐龙之一。它们善于奔跑，是一种杂食性恐龙，除了植物，可能也吃一些昆虫。

"身披铠甲者"：小盾龙

小盾龙两足站立、奔跑，它们生活在 2 亿～1.96 亿年前，是最早的身体覆盖着骨质甲板的恐龙。

重甲武士

后期的鸟臀目恐龙体形较大，变成了四足行走，都是植食性恐龙。它们还进化出了各式各样的防御性器官，以对抗肉食性恐龙，这种进化被认为具有目的性。它们就是鸟臀目"五兄弟"。

老大是著名的剑龙类，它们生活在1.5亿～1.45亿年前的晚侏罗世，身体比早期的鸟臀目恐龙长。

长长的肩刺

锋利的尾刺

头部小而窄，脖子很短

成排的坚硬骨板

粗壮的四肢

沱江龙

沱江龙生活在晚侏罗世，化石发现于中国四川。沱江龙体长约7米，臀高约2米，重约4吨，体形比剑龙小。

华阳龙

华阳龙的化石也发现于中国四川。华阳龙生活在约1.65亿年前，比它们北美洲的著名"近亲"剑龙早了约2000万年。

老二甲龙类的身上布满了骨质甲板，就好像披了铠甲一样。目前发现的最古老的甲龙类生活在早侏罗世的中国，并存活到晚白垩世。除非洲外，其余各大洲几乎都曾有它们的身影。

布满骨质甲板

有的有尾锤

牙齿细小

身体低矮强壮

小于1米

体形较庞大，四肢短粗

中原龙

中原龙生活在早白垩世，化石发现于中国河南。它们的特点是头的顶部平坦，坐骨笔直。

包头龙

包头龙是最大的甲龙类之一，体长约6米，体重约3吨，生活在8500万～6600万年前。它们嗅觉灵敏，四肢灵活，会刨坑挖洞。

各显神通

除了剑龙类和甲龙类之外，鸟臀目另外的"三兄弟"也各具特色。

山东龙

青岛龙

朝阳

禽龙

平头龙

鸟脚类生活在早侏罗世到晚白垩世，身体结构也有点儿像鸟类，所以叫这个名字。它们的爪子又钝又小，无法撕碎肉，只能以植物为食。

早期的鸟脚类个子比较小，用两条长长的后腿奔跑，后来慢慢进化成了大型四足恐龙，嘴巴前方的牙齿退化，变得像鸭嘴一样。

中国角龙

双角龙

　　角龙类生活在白垩纪的北美洲与亚洲，它们最大的特点是脸上长着各种各样角状的骨头，有的像双颊长着两颗"大牙"，有的像牛角一样，还有的像扇子。

　　除了脸上的角状物，角龙类的颈部还长有"头盾"，以保护它们脆弱的颈部，帮助它们抵御天敌。

肿头龙

龙王龙

　　肿头龙类又称厚头龙类，它们的特点是头盖骨异常厚，好像顶了一座山丘在头上，非常有趣。有的"山丘"顶部有10多厘米厚，能够很好地保护头部。

　　我们现在已知的大多数肿头龙类都生活在晚白垩世的北美洲与亚洲，一般是植食性或杂食性的。但和这一时期其他的鸟臀目恐龙不同，肿头龙类全是两足行走。

什么都吃

和早期的鸟臀目恐龙差不多，早期的蜥臀目恐龙体形也比较小，并且两足站立。不同的是，早期的蜥臀目恐龙大多是杂食性的。

始盗龙的出现标志着动物开始用后肢行走、前肢捕食，这是脊椎动物进化史上的第五次巨大飞跃。

最早的恐龙：始盗龙

始盗龙是最早的一种恐龙，生活在约2.34亿年前的南美洲。它们两足行走，并拥有善于捕抓猎物的短小前肢。它们同时有着肉食性和植食性恐龙的牙齿，应该是杂食性恐龙。

肉食性恐龙的牙齿

植食性恐龙的牙齿

恐龙的牙齿

肉食性恐龙的牙齿：形状像匕首一样，呈不规则排列，微向后弯，边缘呈锯齿状。

植食性恐龙的牙齿：有钉状齿、勺形齿、叶形齿。

有的恐龙没有牙齿，像今天的鸡一样，靠吞食的石头在胃里将食物磨碎。

恐龙都没有臼齿，所以它们不能咀嚼。

杂食的小恐龙：艾沃克龙

　　艾沃克龙生活在晚三叠世的印度，体形比较小。它们的食谱和始盗龙的有点儿像，它们都喜欢吃昆虫和小型的脊椎动物，也喜欢吃植物，是杂食性恐龙。

凶猛的捕食者：钦迪龙

　　钦迪龙也生活在晚三叠世，体长约2.4米，体重约30千克。虽然很轻，但是它们可以团队合作，共同攻击大型植食性恐龙，相当凶猛。

素食者

后来的蜥臀目恐龙体形也逐渐变大，我们将它们分为蜥脚形类和兽脚类两大类。

蜥脚形类大多是植食性恐龙，而原蜥脚类就是早期的蜥脚形类，生活在中三叠世到早侏罗世。它们的头部一般很小，却有稍长的脖子，前肢比后肢短，有非常大的拇指尖爪，可用来防卫，并且大多数是半两足动物，极少数是完全四足动物。

鞍龙

鞍龙生活在约 2.25 亿年前，体长约 7 米，身高约 2.1 米，体重约 900 千克。

滥食龙

滥食龙生活在约 2.31 亿年前，是已知最早的恐龙之一。与其他的原蜥脚类不同，它们可能是杂食性恐龙，是肉食性的兽脚类与植食性的蜥脚形类之间的过渡物种。

黑水龙

黑水龙是一种小个子恐龙，体长约 2.5 米，身高约 80 厘米，体重约 70 千克。它们生活在 2.25 亿~2 亿年前。

禄丰龙

禄丰龙生活在约1.9亿年前，因化石发现于中国云南禄丰而得名。它们身体笨重，体长可达9米，体重约1.7吨。

植食性恐龙吃什么植物？

除吃蕨类植物外，还吃松树、柏树、苏铁和科达树等裸子植物。

科达树

松树

柏树

苏铁

101

四足行走的大块头

在我们的印象中，恐龙常常是庞然大物。蜥脚类"应运而生"，它们是晚期的蜥脚形类，繁盛于侏罗纪至白垩纪。它们的体形明显变大，用四足行走，脑袋很小，有细长的脖子和尾巴，以及粗壮的四肢和 5 个脚趾。蜥脚类包含了陆地上出现过的最大的动物。

马门溪龙

这是合川马门溪龙，它的化石发现于中国重庆合川地区，是中国境内发现的最为完整的蜥脚类恐龙化石。它们生活在约 1.45 亿年前，体长 22～30 米，身高近 4 米。

巴塔哥巨龙

蜥脚类中最大的是巴塔哥巨龙，据推测，它们可能也是目前世界上发现的最大、最重的恐龙。它们体长约 37 米，体重能达到 77 吨，常用有力的尾巴防御捕食者。

圆顶龙

圆顶龙生活于晚侏罗世，很可能是异特龙的猎物。成年圆顶龙体长约 20 米，体重约 30 吨。它们是群居动物，但不做窝，边绕圈边生蛋，生出的恐龙蛋形成一条弧线，并且它们也不照看小恐龙。

峨眉龙

峨眉龙生活在 1.67 亿～1.61 亿年前，它的化石发现于中国四川。

腕龙

腕龙生活在 1.56 亿～1.45 亿年前。它们成群居住和迁徙，像圆顶龙一样生蛋，像长颈鹿一样将脖子高高仰起。

为什么它们那么大？

鸟类的祖先

　　和蜥脚形类相反，兽脚类中几乎都是肉食性恐龙。它们的骨骼像鸟类一样是中空的；前肢小巧灵活，能够抓捕猎物；后肢粗壮有力，利于奔跑。著名的兽脚类有异特龙、特暴龙和我们最熟悉的霸王龙，还有在中国发现的永川龙、中华盗龙等。

　　兽脚类在上亿年的进化中，经过基因突变、优胜劣汰、代代相传，最后有一支进化成了鸟类。所以，可以说兽脚类是鸟类的直接祖先。

永川龙

异特龙

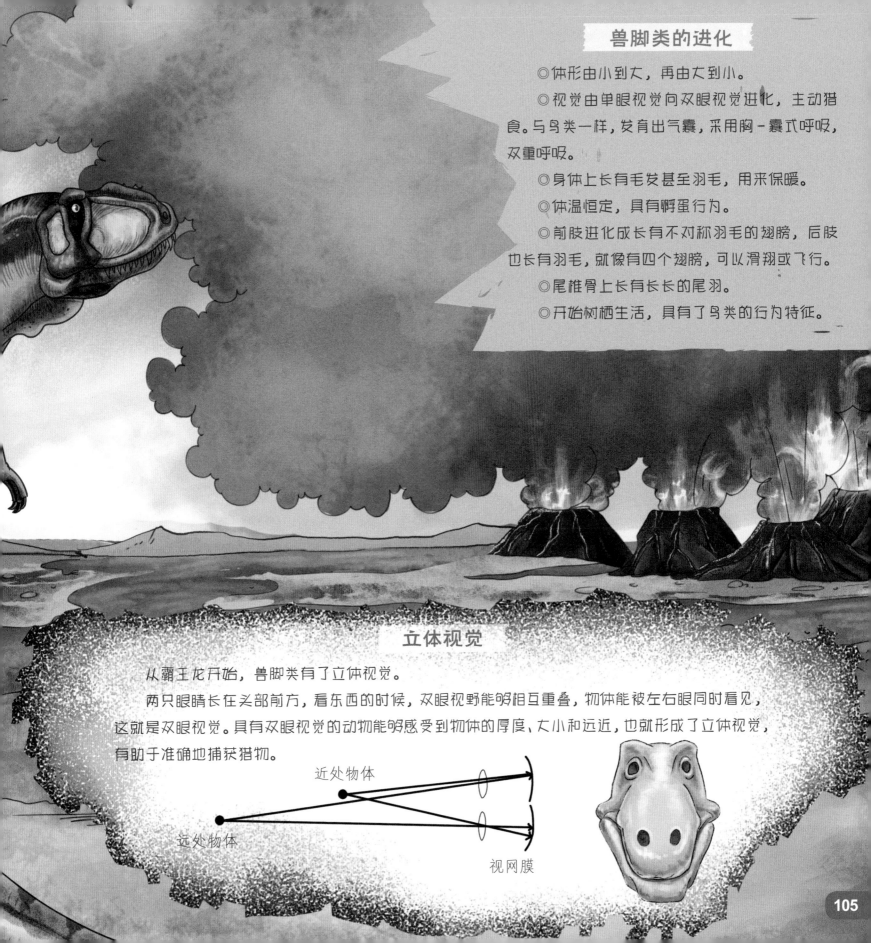

兽脚类的进化

◎体形由小到大，再由大到小。

◎视觉由单眼视觉向双眼视觉进化，主动猎食。与鸟类一样，发育出气囊，采用胸-囊式呼吸，双重呼吸。

◎身体上长有毛发甚至羽毛，用来保暖。

◎体温恒定，具有孵蛋行为。

◎前肢进化成长有不对称羽毛的翅膀，后肢也长有羽毛，就像有四个翅膀，可以滑翔或飞行。

◎尾椎骨上长有长长的尾羽。

◎开始树栖生活，具有了鸟类的行为特征。

立体视觉

从霸王龙开始，兽脚类有了立体视觉。

两只眼睛长在头部前方，看东西的时候，双眼视野能够相互重叠，物体能被左右眼同时看见，这就是双眼视觉。具有双眼视觉的动物能够感受到物体的厚度、大小和远近，也就形成了立体视觉，有助于准确地捕获猎物。

近处物体

远处物体

视网膜

顾名思义的"龙"

比较原始的兽脚类大多有看起来非常奇怪的名字，这些名字一般和它们的发现地、发现者、特点，或是具有纪念意义的人或事有关。

埃雷拉龙

埃雷拉龙生活在 2.31 亿～2.28 亿年前，它的化石是阿根廷一位叫作埃雷拉的农民发现的。这是一种轻巧的肉食性恐龙，脑袋很小，有着长尾巴，体长 3～6 米，臀高超过 1.1 米，重 210～350 千克。

早期兽脚类：太阳神龙

太阳神龙是较早的兽脚类之一，生活在 2.15 亿～2.13 亿年前。化石发现于美国新墨西哥州，研究人员将它命名为 Tawa，在化石发现地附近的原住民霍皮人的语言中，这个词意为"太阳神"。

头戴圆冠的恐龙：双脊龙

双脊龙生活在约 1.9 亿年前，因其头顶有两个冠状物而得名。这些圆冠主要用作装饰，相当脆弱，不能作为武器。根据圆冠的大小可以辨别雌雄。

小型的捕食者：南十字龙

南十字龙生活在晚三叠世。1970年，它的化石发现于巴西，当时在南半球发现的恐龙化石很少，因此便以只有在南半球才能看见的"南十字星座"米命名。南十字龙和始盗龙、埃雷拉龙是近亲。

虚骨龙

它的尾椎骨是空心的，所以它也叫空尾龙。虚骨龙生活在1.53亿～1.5亿年前，是一种小型两足肉食性恐龙。

身材修长的掠食者

　　腔骨龙类是一类小型兽脚类，体长 1～6 米，生活在晚三叠世到早侏罗世。它们身体修长，善于奔跑，有些头顶有易碎的冠饰，能够群体捕食。腔骨龙类是那个时代里最为强大的掠食者。

哥斯拉龙

　　哥斯拉龙生活在约 2.1 亿年前，体长约 5.5 米，体重 150～200 千克，是当时的大型肉食性动物之一。

理理恩龙

　　理理恩龙生活在 2.15 亿～2 亿年前，它们最明显的特点是头上有脊冠。不过它们的脊冠只是两片薄薄的骨头，在捕食时如果脊冠被攻击，它们可能因剧痛而放弃眼前的猎物逃跑。

腔骨龙

腔骨龙生活在 2.16 亿～ 2.03 亿年前，是小型的两足肉食性恐龙。腔骨龙身形非常纤细，善于奔跑。它们的头部长而狭窄，长有锐利的锯齿状牙齿，以小型的、类似蜥蜴的动物为食。

斯基龙

斯基龙生活在约 1.83 亿年前，是一种敏捷的两足恐龙，和鹅差不多大，体长约 1 米，高约 0.5 米，体重 4 ～ 7 千克。

尾巴向上的"老朋友"

侏罗纪是恐龙家族大爆发的时代，其中有一部分兽脚类有着坚挺向上的尾巴，被称为坚尾龙类。其中有很多我们熟悉的"老朋友"。

坚尾龙类与以前的恐龙相比，尾巴没有那么灵活了，这是因为它们的大腿骨和尾巴上的肌肉缩短了。但这并不是坏事，僵硬的尾巴能够充当"方向盘"，帮助它们在快速奔跑的时候改变方向。

斑龙

斑龙，又名巨龙、巨齿龙，从这几个名字我们就能看出它们的特点。斑龙生活在1.81亿~1.69亿年前，是一种大型肉食性恐龙，体长约9米，体重约1吨，可能捕食剑龙类与蜥脚类。

蛮龙

蛮龙的意思是"野蛮的蜥蜴"，是目前已知侏罗纪最大的兽脚类之一，体长9~11米，体重两三吨。蛮龙拥有强大的力量，能捕食大型植食性恐龙。

背帆的功能

调节体温

储存脂肪

吸引异性或猎物

威胁对手

棘龙

棘龙的意思是"有棘的蜥蜴"，生活在晚白垩世。它们的体形巨大，头骨狭长，背帆高大，有桨状尾巴。棘龙既可以在水里游动捕食，也可以在陆地上捕食蜥脚类的幼崽等。它们捕食时靠嘴巴上的小孔发出的辐射源感知猎物。

恐龙有羽毛吗?

兽脚类中后来又出现了虚骨龙类,它们是亲缘关系更接近鸟类的恐龙,有科学家认为,在向鸟类进化的过程中,它们起到承前启后的作用。虚骨龙类中的"兄弟姐妹"众多,虽然被分为一类,它们的外貌却天差地别。下面我们来认识一下最具特色的几类。

羽毛的进化

最先由鳞片延长,形成原始的管状羽毛。

簇状羽毛,用来保暖。

未分叉的对称羽毛,仍然起保暖作用。

复杂的分叉对称羽毛,用于滑翔。

最终进化出不对称的羽毛,叫作飞羽,可以用于飞行。

由于骨骼中空,随着羽毛的进化,兽脚类逐渐有了飞行能力,体形也开始向小型化演变。

中华龙鸟

中华龙鸟是中国乃至世界上最早被发现带羽毛的恐龙。它生活在1.25亿~1.22亿年前,最明显的特点是全身长有原始的绒毛,像现在小鸡的绒毛一样。它们的嘴里有锋利的牙齿,虽然叫"鸟",但它们不是鸟,而是一种恐龙。中华龙鸟的发现极大地推动了对恐龙与鸟类关系的研究。

美颌龙类是小型肉食性恐龙，生活在侏罗纪至白垩纪，它们身体表面有与鸟类羽毛相似的鬃毛样物。

侏罗猎龙

侏罗猎龙是中华龙鸟的"姐妹"，身上局部长有原始羽毛。它们生活在 1.52 亿~1.51 亿年前，因发现于德国侏罗山脉而得名。

美颌龙

美颌龙和火鸡大小差不多，生活在约 1.5 亿年前。美颌龙是一种小型两足恐龙，重约 3 千克。它们有较长的后肢及尾巴，有利于在运动时平衡身体。

恐怖的"蜥蜴王"

暴龙类是虚骨龙类中非常独特的一支，它们最初出现于侏罗纪的劳亚古陆，体形较小，到了白垩纪，就变成了北半球超大型掠食动物，我们熟悉的霸王龙就是暴龙类的一员悍将。

霸王龙

霸王龙又称暴龙，意思是"残暴的蜥蜴王"，是出现最晚、体形及咬合力最大的肉食性恐龙。它体长约13米，肩高约5米，平均体重可达9吨，已经进化出立体视觉，能够主动捕食。

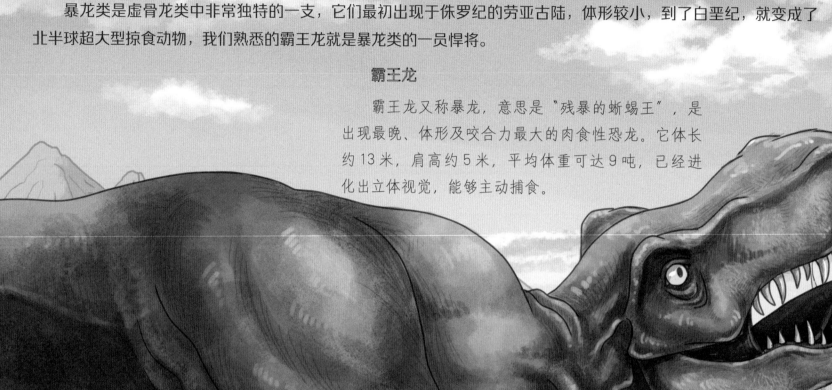

帝龙

帝龙是一种小型、有羽毛的恐龙，也是凶猛的肉食性恐龙。它体长约2米，高约0.8米，是暴龙的祖先。

特暴龙

特暴龙意为"令人害怕的蜥蜴"，生活在 7000 万~6650 万年前。它是一种大型的两足捕食动物，体重约 6 吨，可能以大型恐龙为食。它的前肢很小，拥有约 60 颗大而锐利的牙齿。

羽王龙

羽王龙，又名羽暴龙，生活在约 1.25 亿年前，化石发现于中国。它体长约 9 米，体重约 1.4 吨，是已知体形最大的有羽毛的恐龙。它的羽毛呈丝状，几乎覆盖全身，主要用于保持体温。

似鸟龙类的意思是"鸟类模仿者蜥蜴"，它们生活在白垩纪的劳亚古陆，可能是速度最快的恐龙之一，奔跑时速度可达 35~60 千米/时。

似鸟龙

似鸟龙体长约 3.5 米，高约 2.1 米，重 100~150 千克，看起来非常像现代的鸵鸟，但它是一种两足恐龙。它有大大的眼睛，视力较好；有长长的尾巴，可以帮助身体保持平衡；还有细细的羽毛，前肢有长羽毛，形如鸟类的翅膀，末端有细长的指爪，便于捕捉猎物。

越来越像鸟

手盗龙类是似鸟龙类的"姐妹"，这一类包含现在所有的鸟类。

手盗龙类的特点是有细长的手臂与手掌，手掌有3指。它们是杂食性动物，还是唯一具有骨化胸板的恐龙，已经进化出与现代鸟类一样的正羽与飞羽。

最先进化出的是阿瓦拉慈龙，它们的前肢有一个大型指爪，适合挖洞；头部修长，嘴巴较长，便于吃洞穴中的白蚁；用两足行走，尾巴长，善于奔跑。

阿瓦拉慈龙

窃蛋龙是最像鸟类的恐龙之一，它们体形很小，形似火鸡，头顶有骨质头冠，前肢指爪弯而尖锐，攻击力强，后肢强壮，行动敏捷，会像鸟一样孵蛋。

镰刀龙

随后进化出了镰刀龙，它们是兽脚类中唯一的植食性恐龙。它们的体形大，有3个指爪，其中最长的有1米。

窃蛋龙

伤齿龙类中最典型的是近鸟龙。它们生活在约1.6亿年前，是目前已知年代最早的有羽毛恐龙，也是已知最小型的恐龙之一。近鸟龙可能有滑翔和一定的飞行能力。

进化到恐爪龙类时，与鸟类只差一步了，所以属近鸟类恐龙。恐爪龙类是中小型肉食性恐龙，最早出现于约1.64亿年前，在地球上生活了约1亿年。恐爪龙类有驰龙类和伤齿龙类两个家族，它们可能是鸟类的直接祖先。

小盗龙是最有代表性的驰龙类。它们的四肢与尾巴上有长长的飞羽，是具有"四翼"特征的恐龙，生活在约1.26亿年前，已经具备了飞行能力。

近鸟龙

小盗龙

走路时的位置

进攻时的位置

第一趾

第二趾

第三趾

第四趾

恐爪龙类的脚趾

第二趾如大型弯刀，行走或奔跑时，第二趾往上后缩，不着地，只有第三、第四趾着地；进攻时，第二趾伸出扎进猎物身体。

飞向蓝天

鸟翼类，又名初鸟类，是更接近现代鸟类的一类恐龙。它们的翅膀上长满羽毛，已经能够拍打翅膀飞上蓝天，和现代的鸟类没有太大的区别了。

擅攀鸟龙类是鸟翼类的一个分支，与鸟类的亲缘关系很近。擅攀鸟龙类的化石发现于中国辽宁，它们生活在晚侏罗世或早白垩世，大部分时间待在树上，显著的特点是第三根手指最长。

树息龙

树息龙生活在1.64亿～1.59亿年前。它们是半栖息于树上的恐龙，长有羽毛。树息龙用最长的第三根手指来捕捉树洞中的虫子。

奇翼龙

奇翼龙生活在约1.6亿年前，有类似于蝙蝠的翼膜样翅膀。它们生活在树上，可以在树木之间滑翔。奇翼龙与鸟类的亲缘关系非常近。

恐龙的听力怎么样？

恐龙的听力不如哺乳动物，它们还没有进化出完善的听小骨，只有一块中耳骨；没有外耳郭；鼓膜在头部左右两侧的皮肤表面或稍凹陷处。

进化到鸟类时，鸟类的中耳室也只有一块中耳骨；有外耳道，在头的两侧，外耳道的开口在眼的后方，也没有耳郭；外耳道底是鼓膜。

鸟类虽然听力不佳，但视力极好。

传奇的古鸟

古鸟是长有飞羽、可以飞行的鸟类，这是脊椎动物进化史上的第六次巨大飞跃。

中华神州鸟

中华神州鸟是一种古鸟，它们真正具有了飞行能力，代表恐龙向鸟类进化过程中的又一中间环节。它们生活在1.2亿～1.1亿年前，化石发现于中国辽西地区，比始祖鸟的进化程度更高，嘴里已经没了牙齿，前肢比后肢长得多。

始祖鸟

始祖鸟被称为"地球上出现的第一只鸟"，生活在约1.5亿年前，和现代的野鸡差不多大小，化石发现于德国。它的飞羽具有高度不对称性，有一定的飞行能力。它仍保留兽脚类的特征，嘴里有细小的牙齿，尾巴有尾椎骨，翅膀末端有指爪。

热河鸟

热河鸟体长约45厘米，生活在1.45亿～1.25亿年前。化石发现于中国辽西，是中国境内发现的"第一只鸟"。热河鸟与现代鸟类不同，翅膀末端有指爪，有尾椎骨，牙齿已严重退化。

中国鸟

　　中国鸟是一种中型古鸟，是介于始祖鸟与现代鸟之间的一个物种，生活在约1.3亿年前，化石在中国多地被发现。它们形似现在的猛禽，如鹰和雕。中国鸟的腿羽丰满，两翼宽大，翅膀末端有指爪，指爪如钩，嘴里布满尖锐的牙齿，以小型动物为食。它们会在树上做窝、孵蛋、抚育雏鸟。

孔子鸟

　　孔子鸟生活在1.25亿～1.2亿年前，是目前已知的最早拥有无齿角质喙部的古鸟类。孔子鸟实行一夫一妻制。雄性孔子鸟比雌性长得漂亮，尾羽也更长。雄鸟会保护幼鸟。

你方唱罢我登场

约6600万年前，一块巨大的小行星碎片撞在了地球上，碎片形成的巨大火球的温度达到了1万摄氏度，是现在太阳表面温度的近两倍！撞击产生的能量引起了地震、海啸，导致火山爆发，喷出的火山灰层有几千米厚，挡住了阳光，于是，地球温度急剧下降。极其恶劣的生存环境导致无数的植物、动物相继灭绝。地球上有75%～80%的物种在这次灾难中消失，史称第五次生物大灭绝事件。

在这之后，统治了地球1.6亿多年的恐龙和它们的远亲完全从地球上消失了，但由恐龙进化出的鸟类呈多样化并迅速繁衍，成了现在天空中的霸主。

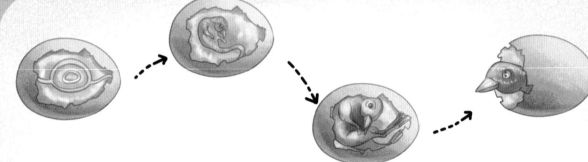

先有鸡，还是先有蛋？

进化中的每一次巨大飞跃都是基因突变引起的，而基因突变只有发生在受精卵中，才能一代代传递下去。

基因突变在一代代中发生。有科学家认为，经过上亿年的进化，某一个恐爪龙类恐龙产下基因突变的"受精蛋"，孵出了第一只鸟；这只鸟经过亿万年的进化，又产下了基因突变的"受精蛋"，孵出了最早的鸡。所以，是先有基因突变的"受精蛋"，然后才有鸡，也就是先有蛋，后有鸡。

现在的1万多种鸟类中，有称霸天空的猛禽、寓意和平的鸽子、长途迁徙的大雁、翩翩起舞的火烈鸟、体态优雅的天鹅、出双入对的鸳鸯，还有聪明伶俐的乌鸦、招人喜爱的喜鹊、爱吃昆虫的麻雀、会学说话的鹦鹉……它们或许都是手盗龙类恐龙的"子子孙孙"。

123

4

人类

灵长类进化的旅程

　　在第五次生物大灭绝事件中，藻类、植物死亡，森林消失，食物链被破坏，很多动物因为没有食物而饿死。而小型的哺乳动物因为食量小，在扛过了这次灾难后，顽强地生存了下来。

　　而后，哺乳动物繁盛，并呈爆发式发展，开启了"哺乳动物时代"，拉开了灵长类进化的序幕。

似鼩（qú）鯖（jīng）动物：它
们在这次大灭绝事件 1000 多万年后
出现，也许是人类、啮齿类、鲸类
等哺乳动物的祖先。

阿喀（kā）琉
斯基猴：最早的
灵长类动物。

摩根齿兽：最早的哺乳
动物，卵生。它们生活在约
2.05 亿年前的晚三叠世。

最像猴子的哺乳动物：更猴

很久很久以前，地球上出现了一种似灵长类动物，名叫更猴。它们长得有点儿像现在的猴子，也有点儿像松鼠。它们有爪子，眼睛长在头部的两侧，没有立体视觉，吃树叶、果实。不过它们灭绝得很早，跟现在的灵长类动物没有血缘关系。

约 6000 万年前

我们的远古祖先

约 5500 万年前

最早的灵长类：阿喀琉斯基猴

阿喀琉斯基猴是我们人类和各种猿猴、猩猩最早的祖先，它们的体长大约 7 厘米，体重不超过 30 克，还不如成年人的巴掌大。它们有修长的四肢、尖利的牙齿，大大的眼窝就像戴了一副眼镜。它们还长了一双比小腿还长的大脚，而且像类人猿一样，大脚趾和其他 4 个脚趾可以对握抓在一起。

约 4500 万年前

约 3800 万年前

早期的灵长类：中华曙猿

中华曙猿的个头儿跟阿喀琉斯基猴差不多大，它们曾生活在中国东部的雨林中。科学家认为，人类的祖先起源地有可能是在我们中国，"曙猿"这个名字，就是说它们的出现像"黎明时的曙光"。它们是类人猿的早期代表。

十分聪明的猴子：甘利亚

后来，地球上又出现了一种叫"甘利亚"的高等灵长类动物，它们已经长得很像猿猴了，而且已经懂得用牙齿咬开果实的外壳，享用其中的果肉和果仁。

"脚踏实地"

    大约 1300 万年前，生活在热带雨林的一些猴子渐渐地发生了改变，它们从树上爬了下来，开始尝试在地面活动。在这个过程中，它们慢慢从四条腿走路进化为"半直立行走"，尾巴反而成了累赘，后来基因突变，尾巴就突然消失了。但它们长出了阑尾，大脑也变得更加复杂，进化成了一个新的物种——类人猿。这是人类进化史上的第一座里程碑。

    猴子由四条腿、脚掌着地行走，进化为两条后腿脚掌着地、前肢指掌型（手指半握，手指外侧着地）行走，也就是"半直立行走"。

从猴子进化而来的类人猿跟猴子有许多相似的地方，人们有时候很难区分它们。但其实区分方法很简单，猴子有尾巴和颊（jiá）囊——嘴里可以存食物的小仓库，而类人猿没有。

学会直立行走

最具代表性的一种类人猿叫森林古猿。它们聚集在一起生活，喜欢在林间跳跃，寻找树叶和果实作为食物，偶尔也下到地面，能半直立行走。它们的身材矮小，只有现代人类一两岁孩子那么高。

它们既是人类的祖先，也是现生大猩猩、黑猩猩和红毛猩猩的祖先。一部分森林古猿向红毛猩猩、腊玛古猿、巨猿进化，只有红毛猩猩存活到今天；另一部分因为森林的大量消失，不得不下地行走，体形慢慢变大，进化出具有直立行走能力的乍得人猿，最终进化成了今天的我们。

最早的人类祖先生活在约 700 万年前，在非洲发现的乍得人猿就是其中的代表。

学会两足站立、直立行走，是人类进化史上的第二座里程碑，也是脊椎动物进化史上的第八次巨大飞跃。

　　乍得人猿进化出了地猿，其中最著名的是地猿始祖种，昵称"阿迪"，可能是"人类的曾祖母"。她是最早能够习惯性直立行走的古猿，她的大脚趾与其他四趾分开，足弓未发育，还走不了远路。之后的阿法南方古猿可能是由地猿始祖种进化而来的。

相似的"堂亲"

　　基因组就是指一个生物的体细胞内所含该生物的全部遗传信息。一个生物的基因组就像一部大型百科全书。现代克隆技术就是利用生物体细胞的这一特点，培育出了一模一样的生物。

最大的古老类人猿：巨猿

　　巨猿生活在大约200万年前，约30万年前灭绝。它们站立时身高可以达到3米，体重超过500千克，是不折不扣的庞然大物，但它们性情温和，食物主要是竹子、树叶和野果。

红毛猩猩

　　红毛猩猩也叫猩猩，大约在1200万年前与人类的远古祖先"分道扬镳"。今天它们主要生活在亚洲东南部群岛上的热带雨林里，吃果实和蔓生植物，偶尔也吃鸟蛋或小型动物。

基因组与人类的相似度约为96%。

和我们血缘最近的类人猿：黑猩猩

黑猩猩与我们的祖先——地猿始祖种，在血缘关系上差不多是"亲姐妹"。黑猩猩的智商较高，能使用工具，比如用树枝捕食白蚁，甚至制造工具捕猎丛猴。

基因组与人类的相似度约为 99%。

基因组与人类的相似度约为 98%。

现生最大的类人猿：大猩猩

大约 700 万年前，大猩猩和人类的祖先分化开来。它们和人类相似，具有社会结构，一个大猩猩群体通常由一只雄性和多只雌性以及幼崽组成。

黑猩猩能进化成人吗？

人类的"祖母"

　　干冷的气候让森林里的树木越来越少，空地越来越多。树木枯死了，本来住在树上的地猿始祖种们只好搬到地面来生活，它们进化成了新的物种——阿法南方古猿。

　　从树上搬到树下生活没什么难度，但随着树木的减少，吃饭成了大问题——它们喜欢吃的树叶和果实也变少了。被逼无奈，南方古猿开始捕获更多猎物，吃更多的肉了。

在地面生活、直立行走、足弓不明显、开始吃肉、脑容量增大、牙齿变小，这些特点使得南方古猿成为人类进化史上第三座里程碑的代表。

露西，阿法南方古猿，生活在约320万年前，有"人类祖母"之称，我们人类的基因就是从露西那儿遗传来的。她的身高约1.22米，脑容量约450毫升，生前是一个20多岁的女性。她已经生过孩子，是不小心从树上掉下来摔死的。之所以叫这个名字，是因为她的发现者当时正在播放一首歌曲，里面有个名字叫露西。

向远方前进

森林越来越少，其他动物也在迁徙，阿法南方古猿的食物越来越少，它们也不得不离开心爱的森林，到稀树草原定居。有证据表明，南方古猿喜欢在既有稀树草原又有湿润沼泽的地方生活。后来阿法南方古猿在新的家园狩猎、奔跑，进化成了真正的人类——能人。

嘴部明显凸出，鼻子塌陷，牙齿粗大，上下颌骨向前突出，没有下巴。

保留了古猿的一些特点，浑身有较浓密的毛发。

上肢明显长于下肢，手指较长。

手骨和足骨比现代人粗壮。

1.4 米

能人

139

石器的曙光

能人的意思是"能干、手巧的人"，之所以叫这个名字，主要是因为能人已经学会制作粗糙的石器了。他们生活在 250 万~ 150 万年前的非洲，住在树上或树洞里，已经长出足弓，跑得比祖先更快了，能更方便地抓捕一些灵活但是攻击力弱的中小型动物。

能人的食谱也发生了改变，既能够吃到更多的肉，还可以砸开大的骨头，吃里面的骨髓，这大大地促进了大脑的发育，于是他们的脑容量越来越大，能达到 800 毫升，变得更聪明了。能人的出现是脊椎动物进化史上的第九次巨大飞跃。

能人制作石器的方式还比较简单，只会用石头和石头互相敲打、用石头敲打山壁……这样制作出来的成品比较粗糙，一般被称为打制石器。

这是与能人化石一起出土的石器，这些石器经过简单打磨，可以用来进行砍砸和切割。

脑容量变得更大，能够制作粗糙的石器，开始有了足弓，这是人类进化史上的第四座里程碑，也象征着他们更接近现代人了。

直立人的出现

长期狩猎使得能人的身材也发生了一些变化，而大脑的持续发育也让他们越来越聪明，从而进化出了一个新的物种——直立人。最早的直立人是出现在非洲的匠人。这是脊椎动物进化史上的第十次巨大飞跃。

因为生活在炎热干旱的非洲草原上，匠人常常在烈日炎炎下长距离奔跑、追捕猎物，要出很多汗，但是浓密的毛发会阻碍他们排汗。所以，匠人在进化中褪去了身上的毛发。

匠人生活在190万～140万年前的非洲肯尼亚附近，他们身材高大，成年匠人最高可达1.8米，平均身高也有1.6米左右，比能人要高20～40厘米，与我们现代人较为接近。

褪去体毛，皮肤发汗。

鼻端明显隆起，鼻孔变大、鼻毛增多，可以避免呼气时体内水分的流失，更适合在炎热干燥的环境下生存繁衍。

由于长期奔跑，他们的胳膊进化得越来越短，最后变得比腿短。体型上更像现代人，而且有发育的足弓，能够长距离追赶猎物。与猿类相比，他们中男性身高更加接近女性。

足弓，相当于人体的减震器，是前脚掌与脚后跟之间向上弓起的部分。只有人类才有足弓结构。足弓使人的脚更加坚固、轻巧并富有弹性，可承受更大的压力，也有助于减缓运动使身体产生的震动，同时还可使足底的血管和神经等免受压迫。

火从天上来

几乎所有的野兽都害怕火，因此，露宿荒野的人们往往燃起篝火，来驱赶野兽。

原始时期的火是怎么来的呢？在干旱的非洲草原，闪电往往会击中树木，引起大火。一次偶然的机会，匠人发现，那些被大火烤过的动物的肉和植物的根茎散发出诱人的香气，吃起来更加美味，并且容易咀嚼。他们开始有意识地收集天然火种，并通过维持火堆不灭的方式来使用火。经火烧烤过的食物更容易消化，丰富的营养让匠人的脑容量越来越大，匠人变得越来越聪明，他们学会制作更精致的石器，甚至进化出了语言能力。

弗洛勒斯岛上的小矮人

弗洛勒斯人，被称为现实版的"霍比特人"。由于岛屿面积小、资源稀缺，在自然选择的作用下，他们渐渐变矮、变小。最近的研究证实，弗洛勒斯人既不是能人，也不是智人，而是一种由匠人演变来的、变矮的"直立人"。

弗洛勒斯人

生活年代： 10 万～6 万年前

生活地点： 印度尼西亚弗洛勒斯岛

特点： 体重约 30 千克
身材矮小，身高不足 1 米
脑容量仅约 400 毫升，相当于大猩猩的脑容量

上肢显缩短。

鼻头隆起。

脑容量增加到了 800～1000 毫升。

学会使用火，开始吃烤熟的肉。

有了简单的语言，能够交流。

因出汗导致身体褪毛，进化出不断生长的头发。

这是人类进化史上的第五座里程碑，具有代表性的有匠人及其后裔海德堡人。

走出非洲

一部分匠人
向北到达了欧洲，
进化成了欧洲海
德堡人。

留在非洲的匠
人，在约80万年前
进化成了海德堡人。

北
西 东
南

146

一部分匠
向东方前进，
达了亚洲。

在中国发现的元谋人、蓝田人和北京人，以及在印度尼西亚发现的弗洛勒斯人，可能都是非洲匠人的后代。

1929 年，在北京周口店地区发现的北京猿人化石，首次证明了直立人的存在。北京猿人生活在 70 万～ 20 万年前。

  匠人们并没有停止自己的脚步，他们好奇地探索外面的世界。为了寻找更多的食物，他们越走越远，甚至走出了非洲，在世界各地散落开花，并进化成了新的物种。

  这是历史上人类第一次走出非洲。需要说明的是，蓝田人、北京人和元谋人都不是中国人的祖先，他们在大约 20 万年前都已经灭绝了，只是在这片土地上生活过。

打猎的好手

遗憾的是，走出非洲的直立人由于气候或者其他原因，绝大多数都灭绝了。留在非洲的匠人继续进化，出现了新的直立人——海德堡人。海德堡人的平均身高已经达到了 1.8 米，并且由于常在野外奔跑、打猎，他们肌肉发达，十分灵活。

海德堡人是打猎的好手，他们已经不再满足于捕猎中小型动物了，很多大型动物都成了海德堡人的盘中餐。大脑发育得更好的海德堡人已经懂得了团队协作的力量，还发明了长矛。有了工具的帮助，他们的捕猎能力更强了。为了在捕猎时能够更好地沟通，他们还进化出了比较简单的语言。

大象、犀牛、
鹿、马和海德堡
人剪影对比。

大象　　　　犀牛　　　鹿　　马　　海德堡人

再次出发！

大约60万年前，也许是祖先留下的"流浪基因"在发挥作用，一部分海德堡人也开始了自己的长途迁徙，到达了欧洲。这是人类第二次走出非洲。

相比起他们非洲同伴的团队合作，欧洲海德堡人更喜欢独自一人或者很少的几人一起捕猎，大概是因为食物太少了。

地球环境的改变使得欧洲海德堡人被隔离开了，他们不得不适应欧洲的寒冷气候。为了避寒，他们开始寻找洞穴来栖息。

由于气候太冷，热量消耗大，欧洲海德堡人不得不吃更多的肉来补充热量。

欧洲海德堡人在约 40 万年前进化成了尼安德特人；而留在非洲的海德堡人在约 30 万年前进化成了晚期智人，也就是我们现代人最直接的祖先。但他们都没有想到，曾经的"堂兄弟"再碰面时，就要兵戎相见了。

151

穴居时代

尼安德特人被认为是介于直立人与现代人之间的人类，他们曾经统治着整个欧洲和亚洲西部，在约 3 万年前灭绝。因为欧洲的气候寒冷，尼安德特人习惯在洞穴中生活，所以他们也被称为"穴居人"。

他们习惯将死去的同伴埋葬在自己生活的洞穴内，形成了简单的丧葬习俗。

语言不发达、沟通能力差，喜欢单枪匹马。虽然他们的脑容量很大，却不如晚期智人聪明。

鼻头很大，鼻孔较小，可以充分地用鼻子加热吸入的冷空气，保护肺部。

又矮又壮，平均身高 1.65 米左右，四肢不如非洲的祖先灵活，但肌肉很发达，用力量弥补了不足。

尼安德特人

天气寒冷，火成了尼安德特人的必需品，他们不仅会保存火种，还学会了人工取火。为了避寒，他们还掌握了剥取动物皮毛的技术，用皮毛来做衣服。

真正的祖先

在尼安德特人出现的同时，非洲的海德堡人也不断进化，最终成了晚期智人，简称智人，意思是"智慧的人"。他们身材修长，比例匀称，这让他们奔跑起来很灵活，跑得很快。智人很聪明，考古研究显示，智人已经会进行简单的绘画了，他们在曾经生活的地方，留下了许多壁画的痕迹。

智人的语言功能已经得到了进一步强化，他们互相之间能够很好地沟通，往往成群作战、集体捕猎，制作的工具也比较先进。他们是人类真正的祖先，与现代人十分相似。

智人的出现是脊椎动物进化史上的第十一次巨大飞跃。

克罗马农人是智人的一种，因其化石在法国的克罗马农山洞被发现而得名。他们已经很接近现代人类了，可以完全站立，动作迅速而灵活，四肢发达，会雕塑和绘画。

智人学会将木棍等材料结合石器一起使用，甚至创造了可以远程攻击的投掷型武器——投掷标枪。

现在全世界 80 亿人都有一个共同的祖先——智人。

史前战争

尼安德特人和智人是人类进化史上的第六座里程碑。

头颅较圆，有明显的下巴

语言发达，往往群体活动

身材匀称、体格高大

大腿骨的长度接近小腿骨

共同点

◎脑容量明显增大，平均 1300～1650 毫升

◎创造力更强，会制作更精良的武器，会制作简单的衣服保暖，会人工生火

◎有了交流的语言，开始埋葬死者

体形敦实，后脑勺儿明显，下巴不明显

语言不发达，往往独自活动或狩猎

体格粗壮有力

大腿骨明显比小腿骨长

智人

尼安德特人

从人类祖先第一次走出非洲开始，各个种群之间的争斗就经常发生，为了争夺生存的地盘、获得更多更好的食物、扩大族群……在 16 万~5 万年前，智人开始走出非洲，与占据中东地区的尼安德特人多次大打出手，这是人类第三次走出非洲。

在单打独斗中，身强体壮的尼安德特人屡屡获胜。但是随着智人制造技术的飞速提高，他们凭借智慧和良好的沟通能力，采取团队作战的方式，最终打败了尼安德特人，并将他们赶到了环境十分恶劣的地方。尼安德特人最终从这个星球上消失了。

虽然尼安德特人最后灭绝了，但他们在与智人的接触中发生过混血，欧亚大陆现代人的基因平均约有 2% 来自尼安德特人。这些基因一方面帮助过我们的祖先抵抗病毒和细菌，避免了灭绝的命运；另一方面也给几万年后的我们带来了许多难以治愈的慢性病，如高血压、糖尿病、肥胖症，以及抑郁症、过敏症等。

征服世界

晚期智人在战胜尼安德特人后，迁徙的脚步并没有停止。我们一起来看看智人的征服世界之旅吧。

欧洲的智人——克罗马农人不是现代欧洲白人的直接祖先。

约 4.5 万年前

约 7 万年前

16 万 ~ 5 万年前，智人开始走出非洲。

现代 80 亿人有 4 种不同的肤色。

约 1.2 万年前，欧洲、亚洲、非洲，以及美洲都有了智人的身影。从此，智人开始"统治"世界。

约 1.5 万年前

生活在中国的智人，著名的有山顶洞人、田园洞人，但他们都不是我们的直接祖先。我们的直接祖先另有其人，有待进一步研究。

约 1.2 万年前

约 2 万年前

5 万多年前

在人类进化的过程中，最显著的变化之一是脑容量的增加。大脑的发育使人类变得越来越聪明，适应环境的能力越来越强。到了约 3 万年前，我们祖先的脑容量就跟现代人相差无几了。

1300 万～900 万年前

森林古猿

脑容量约 167 毫升

约 700 万年前

乍得人猿

脑容量约 340 毫升

约 440 万年前

地猿始祖种

脑容量 380～400毫升

390 万～290 万年前

南方古猿

脑容量 400 ～530 毫升

250 万～150 万年前

学会制造工具的人类：能人

脑容量 600~800毫升

190 万～140 万年前

早期直立人：匠人

脑容量 800 ～ 1000 毫升

80 万～10 万年前

晚期直立人：海德堡人

脑容量 1000 ～ 1300 毫升

40 万～ 3 万年前

早期智人：尼安德特人

脑容量 1200 ～ 1750 毫升

30 万年前～现在

晚期智人：山顶洞人

脑容量 1400 ～ 1600 毫升

农业文明的兴起

　　智人经过不断的进化和发展，捕猎水平越来越高，运用的工具和武器越来越先进，能捕捉的猎物也越来越大。但是只靠捕捉野生动物，还是没有稳定的食物来源。在长期的狩猎生活中，人们渐渐学会了识别哪些动物性情比较温顺，适合饲养。于是人们开始抓捕一些动物，将它们圈养起来，驯化它们的幼崽。这样，就不用担心风霜雨雪，可以随吃随取了。

　　同时，在采集果实和其他作物的过程中，人们观察到了它们的生长规律，学会了分辨果实和种子，开始有意识地栽培起作物来。就这样，人类活动开始由采集、狩猎向畜牧、农耕过渡，农业文明时代开始了。

人类开始驯养家畜，
种植粮食。

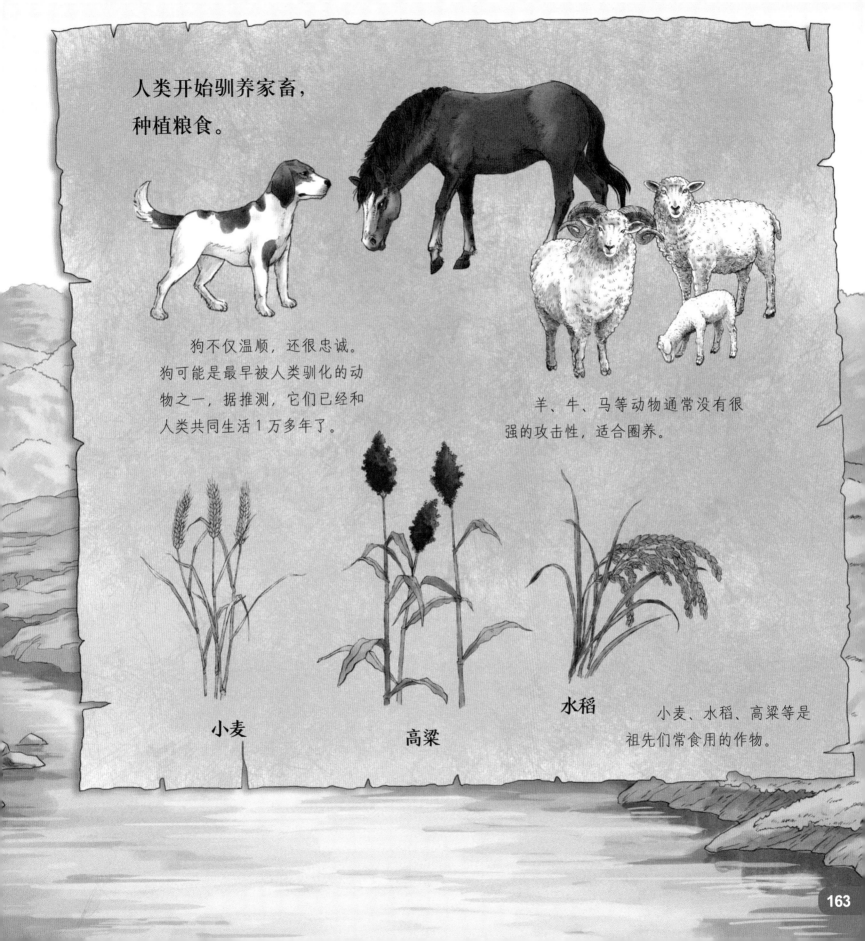

狗不仅温顺，还很忠诚。
狗可能是最早被人类驯化的动
物之一，据推测，它们已经和
人类共同生活 1 万多年了。

羊、牛、马等动物通常没有很
强的攻击性，适合圈养。

小麦

高粱

水稻

小麦、水稻、高粱等是
祖先们常食用的作物。

163

中国古代农业文明

在约1万年前，中国就已经进入农耕文明，我们的先辈们渐渐在水源充足、气候适宜的平原地区定居下来，并且不断改进农具和生产方式。

到2000多年前的秦汉时期，中国就已经发展出了较为发达的农业技术。人们学会了驾驭耕牛，还发明了多种多样的铁制农具，如专门用来播种的农具犁和耧（lóu），翻地所使用的农具锄和耒（lěi），以及收割用的镰刀等，这些工具不但更加便利，而且经久耐用，使得粮食产量有了很大的提高。

驯化猪

中国驯化猪的历史可追溯到约8500年前，在中国河南舞阳县贾湖遗址就发现了家猪遗骸。

栽培谷子

中国在约 1.1 万年前就开始栽培谷子，在河北徐水、北京门头沟都出土过谷子的残留物。

驯化大豆

在 5000～4000 年前的龙山时代，中国就出现了驯化大豆，汉代已开始大规模种植大豆。

温室栽培技术

中国最早的温室可能出现在秦代，秦始皇曾命人冬季在骊山陵谷中种瓜。但有关温室的最早确切记载出现在汉代，汉元帝在太官园中种植葱、韭菜等蔬菜，采用在屋内昼夜生火的方式来提高室内温度。

亚洲栽培稻的起源地

在中国湖南、江西、浙江等地就有约 1 万年前的稻作遗址。

不知疲倦的机器

在农耕文明时代，人们习惯了什么东西都自己动手，养蚕纺丝、织布做衣等，基本能够做到生活必需品自给自足，多出来的可以拿出去交易。由于手工生产效率比较低，所以大多属于家庭小作坊的形式，规模不是很大。

到了 18 世纪中期，英国人詹姆斯·瓦特彻底改造了原来只是用来提水的蒸汽机，使它可以广泛地运用到社会的其他领域。新兴的蒸汽动力机械可以不知疲倦地工作，生产效率大大提升了。从此，人类迈进了工业革命时代。此后的 200 多年里，日新月异的科学技术促进了工业技术的迅猛发展，最终形成了我们熟悉的现代化社会。

珍妮纺纱机

蒸汽机

我们人类还在进化之中······

167

人类历史上的工具

人类和动物最大的区别在于，人类不仅习惯了直立行走，而且会主动制造工具，并使用工具改造大自然，让自己的生活变得更美好。人类历史上曾经有过各种各样的工具，它们共同塑造了人类的历史。

石器（250万～1万年前）

最早的石器只是一些边角锋利的石块，是能人用两块石头相互撞击制造的粗糙工具。后来匠人和智人又学会了制作精致的石器。

陶器（1万～5000年前）

陶器是用黏土或陶土做成坯子，再经高温加工制成的。陶器用作盛放食物和水的容器，使得人类的定居生活更加容易了。

铜器和铁器（5000～1000年前）

人类使用的铜器和铁器是用天然矿物冶炼而成的，后来人类还用铁和少量的碳制造出了更加坚固柔韧的钢材料，不管用作武器还是农具都更加得心应手了。

蒸汽机：开启了工业革命（250多年前）

蒸汽机可以利用蒸汽动力做往复运动，从而带动机械转动，在工业革命时期被广泛用于火车、机器和轮船等之上。

这是第一次工业革命，人类由此进入蒸汽时代；随后出现了第二次工业革命，进入电气时代；之后的第三次工业革命，进入信息技术时代；现在我们开启了第四次工业革命，进入人工智能时代。